사이버 문화와 SF, 사이보그 건축

김원갑

Spacetime

서문

21세기의 가장 큰 특징들 중의 하나는 20세기의 제1기계시대의 다양한 기계들에 대한 맹목적 찬양으로부터 나온 거대한 기계들에 대한 숭배를 벗어나, 제2기계시대의 특징들, 즉 소형화되고 가정화한 개인적 기계들의 홍수 속에서 완전히 새로운 문화를 일상적으로 접하게 되었다는 사실일 것이다. 이 가운데에서도 컴퓨터 기술의 발전은 인간의 일상 생활 뿐 아니라 문화에 대한 접근 방식부터 완전한 패러다임의 변화를 가져왔다고 할 수 있는데, 이것은 사이버(Cyber)라는 개념의 일상화로 설명될 수 있을 것이다.

원래 '조타수'를 의미하는 그리스어 'kubernetes'로부터 파생된 용어인 '사이버네틱스'(cybernetics)의 줄임말인 '사이버'는 "전자적, 기계적, 생물학적 체계의 통제과정을 연구하는 이론"으로, 이제 단순히 인공두뇌나 전자적 시스템의 의미를 넘어서 "컴퓨터를 이용하여 인간의 통제 기제와 기계체계를 자동 통제하는 것", 즉 '제어'와 '통제'의 의미가 더욱 강화된 것으로 해석됨으로써, 21세기의 상황은 이제 다양한 정보들의 수행을 통해 모든 것이 자동으로 제어되고 통제되는 상황이라고 할 수 있을 것이다.

21세기의 건축 역시 여기서 예외는 아니다. 건축 역시 다양한 사이버 문화의 영향 속에서 부드럽게 연결되고, 위상 기하학적으로 변형되는 비선형적 디자인을 기본으로 하는 유동적 건축이 현재의 건축을 이끌어 나가고 있으며, 디지털 기술의 빠른 발전 속에서 다양한 컴퓨터 프로그램을 이용하는 알고리즘에 의해 건축의 형태가 자동으로 발생되고 발전해 나가는 생물학적 개념의 건축, 그리고 나아가 살아있는 생명체와 기계의 결합인 사이보그(Cyborg)로서의 건축이라는 개념으로까지 발전해 나가고 있다. 건축의 이러한 다양한 미래적 비전들은 SF라는 장르의 발전과 평행하게 나타나고 있는 만큼, 이 책은 SF의 다양한 비전들과 건축 디자인의 관계, 사이버 문화의 다양한 영향과 건축 디자인, 사이보그 건축의 개념 및 실사례들, 그리고 디지털 문화의 발전과 건축 디자인의 관계들에 관한 광범위한 분석을 함으로써 건축의 앞으로의 가능한 비전들을 제시하는 것을 의도했다.

21세기의 건축 환경은 분명히 20세기의 그것과는 다른 면모를 보인다. 레이너 밴험(Reyner Banham)은 1960년대를 기점으로 하여 그 이전의 제1기계시대와 다른 제2기계시대의 여러 특징들을 요소별로 열거했지만, 밴험이 주장했던 제2기계시대의 특징들, 즉 전자공학과 합성화학의 발전으로 인한 소형화와 전자, 정보 기술의 발전들은 이제 21세기의 시대적 정신으로 오히려 자리매김을 하고 있다. 21세기에 들어선 현재, 세계 건축의 주된 흐름은 컴퓨터와 인터넷의 일반화로 요약되는 사회의 정보화 현상과 마찬가지로 컴퓨터 디자인으로 가능하게 된 다양한 디지털의 새로운 공간적 실험들이 이끌어 가는 것으로 보인다. 이것은 단순히 컴퓨터 게임에 등장하는 가상공간이나 실제로 불가능한 상상의 공간을 넘어서, 현실적으로도 가능한 3차원적 중력장 범위 내에서의 접혀지고 휘어지고 부드럽게 연결되어 가는 유동적 형태의 건축 공간, 그리고 환경 속에서 서로 상호 작용하며 자신을 스스로 최적화시키며 하나의 유기체와 같이 적응하고 진화해 나가는 인공지능적 건축, 혹은 달리 말하자면 사이보그적 건축에 이르기까지 총체적인 디지털 시대의 건축으로 설명될 수 있다.

건축의 이러한 다양한 미래적 비전들은 SF라는 장르의 발전과 평행하게 나타나고 있는 만큼, 이 책은 SF의 다양한 비전들과 건축 디자인의 관계, 사이버 문화의 다양한 영향과 건축 디자인, 사이보그 건축의 개념 및 실 사례들, 그리고 디지털 문화의 발전과 건축 디자인의 관계들에 관한 광범위한 분석을 시도한다.

1장은 사이버 문화에 대한 소개와 함께 디지털 건축과의 관계, SF와 미래적 건축이 가지는 관계를 밝히고, 건축의 미래적 비전을 다음과 같이 크게 세 가지의 단계로 구분하여 설명한다: 첫 번째는 첨단의 구조 공학과 인공지능, 설비 시스템을 바탕으로 그것을 미학적 관점으로까지 발전시킨 하이테크(High-tech)와 인텔리전트 빌딩들의 부류이고, 두 번째는 새로운 과학이론—비선형성(Non-linearity), 프랙탈 기하학(Fractal Geometry), 급변론(Catastrophe), 접힘이론 (Folding theory), 생물학적인 자기 조직화 시스템 (Self-organising systems), 대지 형상 건축 (Landform building) 등—을 응용하여 건축 디자인에 적용한 경우, 그리고 세 번째는 여기서 더 나아가 실존하는 공간 개념 자체를 부정하고 인간의 신경조직과 컴퓨터 네트워크의 연결에 의해 가상적으로 존재하는 공간에 대한 실험을 하는 사이버스페이스(Cyberspace)의 영역으로 분류된다.

2장은 사이버 문화 속의 유동적 건축에 관한 내용으로, 들뢰즈와 가타리의 이론을 바탕으로 부드럽게 접혀지거나 휘어지는 비선형적, 위상 기하학적 변형의 건축 디자인들, 즉 라스 스파우브룩이나 카스 오스터하우스의 건축으로부터 그렉 린, 마코스 노박 등의 유동적, 전이적 건축 등에 관해 다룬다.

3장은 레이너 밴험의 제1기계시대와 제2기계시대의 차이를 설명하며, 1950년대 '다름'의 건축과 60년대 'SF/ 팝 과학주의'의 건축에 관해 설명한다. 그럼으로써 제2기계시대의 과학주의적 사고가 많은 부분 SF적 상상력을 바탕으로 한 팝 과학주의의 방향으로 나아갔음을 밝힌다.

4장은 SF를 시대별로 구분하여 각 시대별로 SF의 표현과 건축 디자인과의 관계를 분석하며, 시대별로 20세기 초의 유토피아적 관점의 미래적 건축의 표현 방식, 1960년대 이후의 디스토피아적 관점의 건축적 표현 방식, 그리고 모든 요소들이 공존하는 헤테로토피아식 관점의 건축적 표현 방식 등으로 구분하여 설명한다.

5장은 21세기적 사이버 문화의 결과로서, 생물학과 전자 공학의 통섭적 결합의 산물인 생체-기계로서의 사이보그와 사이보그 건축에 관한 내용들로 이루어진다. 이것은 건축물을 하나의 생물학적 관점으로 보며, 인공 지능과 기계적 장치로 제어되고 통제되는 생명체로 보는 개념이라 할 수 있다.

6장은 디지털 문화의 시대에 이러한 디지털 문화의 전제 조건들과 복잡 기하학을 바탕으로 한 건축, 건축이 텍토닉으로부터 표피로, 기능적인 장식을 가지는 다중적 표피로 인식되는 과정, 매개변수를 이용한 건축 디자인, 그리고 복잡성의 계 속에서 형태 발생의 알고리즘으로 표현되는 방식 등을 다루게 된다.

끝으로 이 책이 완성될 때까지 오랜 시간을 인내해주신 시공 문화사의 김기현 대표님께 깊은 감사를 드린다.

2015년 11월

김원갑

Contents

1. 사이버 시대 건축의 기술 숭배와 미래적 건축 · 9
1.1. 사이버 문화와 디지털 이미지의 건축 · 9
1.2. SF와 미래적 건축 · 22
1.3. 시대 정신으로서의 기술의 숭배 · 27
1.4. 건축의 미래적 비전 · 35

2. 사이버 문화와 유동적 건축 · 43
2.1. 사이버 문화와 비선형 디자인 · 43
2.2. 선형 디자인과 비선형 디자인 · 50
2.3. 부드러운 연결 · 53
2.4. 위상기하학적 변형 · 55
2.5. 접힘과 급변 이론 · 57

3. 제2기계시대의 기술과 건축 · 65
3.1. 제1기계시대와 제2기계시대 · 65
3.2. 제2기계시대의 역사적 배경 · 69
3.3. 1950년대 '다름'의 건축 · 73
3.4. 1960년대 SF/팝문화의 건축 · 76
3.5. 밴험의 관점에 의한 제2기계시대 건축의 디자인 특성 · 81
(1) 실용적 기술의 건축 · 81
(2) 급진적 기술의 건축 · 82
(3) 팝-SF적 기술의 건축 · 84
3.6. 1950-60년대 과학주의 건축의 사례들 · 87
(1) 실용적 과학주의 · 87
(2) 급진적 과학주의 · 88
(3) 팝 과학주의 · 94
1) 공상적 팝 과학주의 · 94
2) 현실적 팝 과학주의 · 102

4. SF와 건축 · 107
4.1. SF와 건축의 미래 · 107
4.2. SF의 정의와 시대적 변천 · 109
4.3. SF와 건축의 관계 · 112

4.4. SF와 건축의 유토피아적 비전 · 115
(1) 마천루와 다층적 도시 · 115
(2) 거대구조 · 120
(3) 최소공간 건축 · 127
(4) 부드러운 건축 / 공기 부풀림식 건축 · 128
(5) 우주도시 · 138
4.5. SF와 건축의 디스토피아적 비전 · 139
(1) 현재적 시각의 건축 · 139
(2) 폐허의 건축 · 141
(3) 균등 공간의 건축 · 144
(4) 기계적 통제의 건축 · 145
4.6. SF와 건축의 헤테로토피아적 비전 · 149
가상-현실 혼성의 건축 · 149

5. 살기 위한 기계로부터 사이보그를 위한 주택까지 · 161
5.1. 돌연변이 육체와 생체-기계 · 161
5.2. 사이보그와 사이버 공간 · 171
5.3 사이버 문화와 테크노 에로티시즘 · 178
5.4. 살기 위한 기계 vs 사이보그 주택 · 184
5.5. 사이보그의 신체감각과 건축 · 192
(1) 새로운 피부 - 전자 신체망 - 공간과 육체의 혼합 · 192
(2) TV Eye - 동시적 공간 · 194
(3) 원격통신 귀 - 시 · 공으로 분리된 공간 · 194

6. 디지털 문화와 건축 · 197
6.1. 디지털 문화의 전제적 조건들 · 197
6.2. 복잡한 기하학과 다이어그램의 건축 :
접힘, 블롭, 위상 기하학적 특이성 · 204
6.3. 매개변수 디자인의 건축 · 211
6.4. 형태발생과 진화의 알고리즘 건축 · 215
6.5. 표피로서의 건축(디지털 장식): 텍토닉의 위기 · 224
6.6. 다른 물질성의 건축 · 227
6.7. 스마트 건축의 제작 · 231

1. 사이버 시대 건축의 기술 숭배와 미래적 건축

1.1. 사이버 문화와 디지털 이미지의 건축

21세기의 건축 환경은 분명히 20세기의 그것과는 다른 면모를 보인다. 레이너 밴험(Reyner Banham)은 1960년대를 기점으로 하여 그 이전의 제1기계시대와 다른 제2기계시대의 여러 특징들을 요소별로 열거했지만, 밴험이 주장했던 제2기계시대의 특징들, 즉 전자공학과 합성화학의 발전으로 인한 소형화와 전자, 정보 기술의 발전들은 이제 21세기의 시대적 정신으로 오히려 자리매김을 하고 있다. 밴험은 다른 수많은 건축사가들에 앞서 새로운 기술이라는 관점을 모든 디자인의 결정 요인으로 생각했는데, 이것은 쥘 베르느(J. Verne)나 웰즈(H. G. Wells)같은 SF작가들과 마찬가지로, 그가 한 시대를 앞서 미래의 사회와 건축 환경을 정확히 예상했음을 보여준다. 모든 영역에서의 새로운 패러다임의 수용이 항상 일정한 유예기간을 필요로 하듯, 밴험이 예상했던 제2기계시대의 패러다임은 50여년이 지난 현재의 새로운 패러다임으로 이제 자리를 잡아가는 것으로 보이기 때문이다.

1980년대가 포스트 모던 건축과 해체를 중심으로 한 네오 모던 건축 사이의 주도권 다툼의 시대였다면, 1990년대 중반부터 현재까지의 건축계의 현상은 20세기의 시작부터 진행되어온 모더니즘의 다양한 양상들과 함께 80년대 상품들의 리바이벌, 그리고 밴험이 예상했던 새로운 패러다임의 결정체라고 할 수 있는 사이버 문화와 그것에 어울리는 유동적 형태의 건축들이 서로 공존하며 시대성의 코드를 구축해가고 있다. 그러나 21세기에 들어선 현재, 세계 건축의 주된 흐름은 컴퓨터와 인터넷의 일반화로 요약되는 사회의 정보화 현상과 마찬가지로 컴퓨터 디자인으로 가능하게 된 다양한 디지털의 새로운 공간적 실험들이 이끌어 가는 것으로 보인다. 이것은 단순히 컴퓨터 게임에 등장하는 가상공간이나 실제로 불가능한 상상의 공간을 넘어서, 현실적으로도 가능한 3차원적 중력장 범위 내에서의 접혀지고 휘어지고 부드럽게 연결되어가는 유동적 형태의 건축 공간, 그리고 환경 속에서 서로 상호 작용하며 자신을 스스로 최적화시키며 하나의 유기체와 같이 적응하고 진화해 나가는 인공지능적 건축, 혹은 달리 말하자면 사이보그적 건축에 이르기까지 총체적인 디지털 시대의 건축으로 설명될 수 있다.

즉 르 꼬르뷔제나 미스 같은 엄격한 모더니즘의 재생산에서부터 이러한 모던의 언어를 더욱 절제된 금욕성으로 장식한 미니멀리즘의 건축이 한편에서 과거에 대한 황홀한 향수와 함께 아카데미의 권위를 유지하고 있다면, 새로운 유행과 경향에 민감한 건축의 새로운 세대들은 디지털 시대의 사이버 문화 속에서 유동적으로 변화하고 상호적으로 환경과 반응하는 디지털 건축의 한계에 끊임없이 도전한다. 그리고 나아가 이러한 유동적 상황의 공간들은 컴퓨터를 이용한 수학적, 과학적 연산의 결과라는 과학주의의 이름으로 자신의 지적 매력을 더욱 확고하게 보장받는다.

휴대전화와 초고속 인터넷 가입률 1위라는 지위에 어울리게끔 초정보화의 외적 면모를 보이는 한국 사회에서, 사이버 문화에 대한 인식은 이미 일반적 예상치를 훨씬 웃도는 현상을 보이며, 건축의 경우도 이러한 세계화의 물결에서 예외는 아니다. 이미 한국의 수많은 건축들에서 렘 콜하스의 우트레히트 에두카토리움(Educatorium, 그림 1-1)이나 쥐시에 도서관 계획안(그림 1-2)의 유연하게 굴곡진 바닥, 혹은 MVRDV의 힐베르숨 빌라 VPRO(그림 1-3)의 휘어진 공간과 같이, 바닥에서부터 벽체, 천장의 공간이 하나로 둥글게 휘어지며 연결되는 유동성의 형상을 보여주며, 압구정동 갤러리아 백화점 건물의 벽체(그림 1-4)는 이중으로 된 4,330개의 원형 디스크들 사이의 홀로그래픽 포일들이 시간의 변화에 따라 끊임없이 다양한 이미지들을 전광판같이 투사하는 디지털 건축의 파사드를 보여준다. 이것은 모더니즘 시대의 3차원적 공간과 텍토닉으로부터 2차원적 평면으로서의 장식적 표피(surface)로 다시 회귀하는 디지털 시대의 또 다른 결과라고 할 수 있다.

그림1-1. 렘 콜하스, 에두카토리움

그림1-2. 렘 콜하스, 쥐시에 도서관 단면

그림1-3. MVRDV, 빌라 VPRO

그림1-4. 갤러리아 백화점 벽체

파시드 무사비(Fashid Mussavi)와 미하일 쿠보(Michael Kubo)의 책 「장식의 기능」(The Function of Ornament, 2006)에서 말하듯이, 현대의 장식은 "건축 외관의 상징적 의미와 관계되지 않고, 디지털 기술과 물성(materiality) 모두와 관계되어 충만한 표피 조건으로 됨으로써, 사용되는 물질들의 입자를 결정하기 위해 컴퓨터의 사용에 직접적으로 연결되는 기술인 픽셀화의 정도에 기초한(평면적) 변양태들로 되기"[1] 때문이다. 예를 들어 자우어브루흐 후톤(Sauerbruch Hutton)의 독일 비버라흐 약학 연구소 건물의 다양한 색채로 장

그림1-5. 자우어브루흐 후톤, 비버라흐 약학 연구소

그림1-6. 헤어조크와 드 뫼론, 장식적 표피 패턴

식된 루버형 창들의 벽체(그림 1-5), 혹은 최근의 헤어조크와 드 뫼론의 많은 작품들은 디지털 시대에 다양한 평면적 패턴(그림 1-6)을 통해 기능적인 장식으로 수행(performance)을 하는 표피의 중요성을 잘 보여준다.

그렇다면 이러한 굴곡과 표피적 장식들의 효과를 해체의 날카로운 직선과 파편적 이미지들에 대한 염증의 결과로, 건축가들의 가장 원초적인 주관적 감성을 자유롭게 형상화하려는 무의식의 표현으로 보아야 할 것인가? 이것은 분명히 건축가들의 자유로운 감성적 이미지를 표현한 것이라거나 20세기 초에 유행했던 표현주의적 감성이 다시 부활된 것으로 보기는 어렵다.

---

1) Antoine Picon, *Digital Culture in Architecture*, 김원갑 역, 「건축의 디지털 문화」 시공문화사, 2012, pp. 138-141.

최근의 건축에서 이러한 굴곡이나 장식적 평면 패턴의 형태에는 확실히 비선형적 운동과 유동성의 공간 및 피막을 주장하는 일단의 건축가들에서 공통적으로 나타나는 일정한 정형의 유행적 틀이 존재하기 때문이다.

21세기가 시작된 이래 한국 건축계에서 이러한 굴곡의 모티브는 더욱 두드러지게 나타난다. 이미 21세기의 시작부터 김준성씨의 커뮤니티 하우스와 한길북 하우스에서는 지붕이 완만한 굴곡의 선을 표현하며, 최승원씨의 세라믹 갤러리에서도 전체의 매스가 불규칙한 곡면을 보여준 바 있다. 나아가 벤 반 베어켈의 UN스튜디오가 우트레히트 NMR 연구소 건물(그림 1-7)이나 아른헴 중앙역사(그림 1-8, 9)에서 둥글게 휘어지는 모서리를 표현했던 것과 마찬가지로, 서혜림씨의 카페와 주거안 역시 모서리부분에서 완만한 굴곡형상을 보여주었다. 특히 20세기의 모더니즘 시절부터 꾸준히 새로운 기술에 대한 도전을 해오며 모바일(mobile)과 유비쿼터스(ubiquitous) 등의 개념까지 주장하는 건축가 유걸의 21세기 작품들, 트라이볼(Tri-Bowl, 2007, 그림1-10),

그림1-7. 벤 반 베어켈, NMR 연구소

그림1-8. 벤 반 베어켈, 아른헴 중앙역사

그림1-9. 벤 반 베어켈, 아른헴 중앙역사 내부

그림1-10. 유걸, 트라이볼

그림1-11. 유걸, 서울 시청사

서울 시청사(2012, 그림 1-11), 페블 & 버블(2014) 등의 건물과 계획안은 디지털 기술을 통해 이전의 텍토닉한 형태와는 완전히 차별되는 전체적 굴곡의 형상을 보여준다. 이 모든 굴곡의 현상들은 세계적으로 동시대성을 가지고 나타난다. 당시에 제8회 베니스 건축 비엔날레에서 선보였던 많은 건축 모델들, 예를 들어 애너모포시스(Anamorphosis) 그룹의 소아시아 그리스 문화사 박물관이나 MVRDV의 에인트호벤 공항 비행포럼, 텐 아키텍토스의 브룩클린 공공 도서관들 역시 한국의 많은 당시의 건축물들과 같이 완만하게 휘어지는 표면들로 이루어진 굴곡의 건축들로 나타났기 때문이다.

학생들의 작품전에 등장하는 건축들에서는 이러한 굴곡의 형상이 더욱 강하게 나타난다. 각 대학교의 졸업작품전, 건축대전, 인테리어 대전을 막론하고, 대부분의 건축형태는 유기적 생물체의 운동을 보여주듯, 각종의 굴곡진 다이어그램들과 뫼비우스의 띠(그림 1-12)나 클라인 병(그림 1-13)의 경로와 같이 휘어지는 동선, 잡아 늘려진 방울들의 형상(그림 1-14)을 취한다. 나아가 대부분의 이런 유동적 건축들의 표현은 3D 프로그램을 이용한 그래픽으로 처리됨으로써 첨단의 이미지를 나타내기에 부족함이 없는 듯이 보인다. 물론 이러한 부정형의 유동적 형상들은 해체와 기하학적 추상의 형태가 유행하던 1980년대 말까지만해도, 그리고 특히 우리나라에서는 1990년대 중반까지만 해도 많은 건축적 아방가르드들에 의해 기피되던 형상이다. 그것은

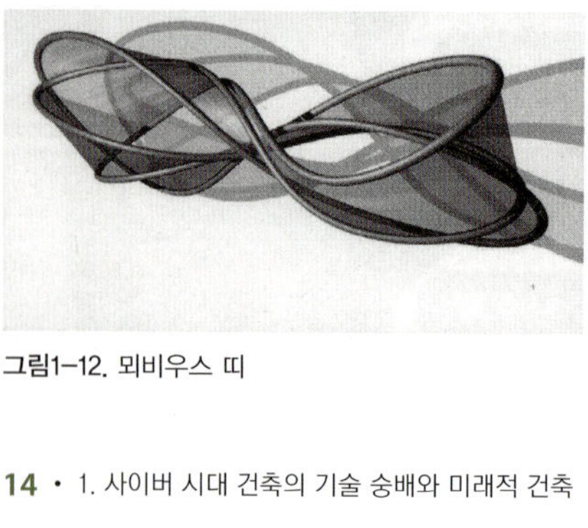

그림1-12. 뫼비우스 띠

그림1-13. 클라인 병

그림1-14. 방울 형상의 건축물, 에인트호벤

당시만 해도 이러한 자유로운 형상들이 이론적 기초가 없는 단순한 주관적 감성의 직설적 표현으로만 여겨졌기 때문이다. 그러나 이러한 상황은 이제 비정형 자체가 단순한 주관성의 표현주의적 표현이 아니라 현대의 비선형적, 생물학적 메카니즘의 고도의 계산된 결과라는 사실과 함께, 그리고 무엇보다도 데리다(J. Derrida)로부터 들뢰즈(G. Deleuze)로 이르는 철학적 위상의 이동으로 시작된 사이버 문화의 전형적 현상으로 나타났다고 보아야 할 것이다.

이러한 새로운 건축의 시작은 1990년대 해체의 철학이 한창 유행하고 있을 무렵 이미 데리다의 철학으로부터 들뢰즈로 슬그머니 자리 이동을 한 피터 아이젠만의 접힘(folding)의 건축(그림 1-15)에서부터 비롯되었다고도 할 수 있다. 항상 첨단의 이론적 무장으로 난해한 이지적 건축의 전도사로 지목받았던 아이젠만은 80년대 중반 데리다와의 공동 작업 등 해체의 건축에 쏟았던 자신의 열정을 또 다시 한발 앞서 21세기의 새로운 문화적 코드로 자리잡을 생화학과 전자적 정보의 이론으로 옮겨, 접힘과 비선형적 운동이라는 관점을 부각시키기 시작했기 때문이다.

그림1-15. 피터 아이젠만, 접힘의 건축, 막스 라인하르트 하우스, 1992

아이젠만의 변화와 함께 이전까지 주로 시나리오 작가의 심리학적, 문학적 관심으로 절대주의(Suprematism)의 기하학적 추상과 초현실주의의 무의식을 텍스트로 하여 프로그램들의 우연한 병치를 건축적 모티프로 삼았던 렘 콜하스 역시 비슷한 변화 과정을 보여준다. 그의 파리 쥐시에 도서관 계획(1992-93)으로부터 아가디르 회의장 계획(그림 1-16), 우트레히트 대학 에두카토리윰, 로테르담 룩소르 극장 계획 등에 이르기까지의 90년대의 변화 과정은 바닥과 벽체의 연속적 굽힘을 통한 공간과 표면의 급변(catastrophe)적 변화와 동선의 비선형적 진행 등으로의 급격한 디자인적 변화를 보여준다.

나아가 21세기 이후 그의 작품들은 다양한 위상 기하학을 발생시키는 컴퓨터 프로그램을 이용해 포르토의 뮤직홀(2005, 그림 1-17)이나 시애틀 도서관(2004, 그림 1-18)에서와 같이 확정적 기하학과 외부의 애매한 기하학적 형태 사이의 변증적 관계, 즉 형태가 형태 발생(morphogenesis)의 비선형적

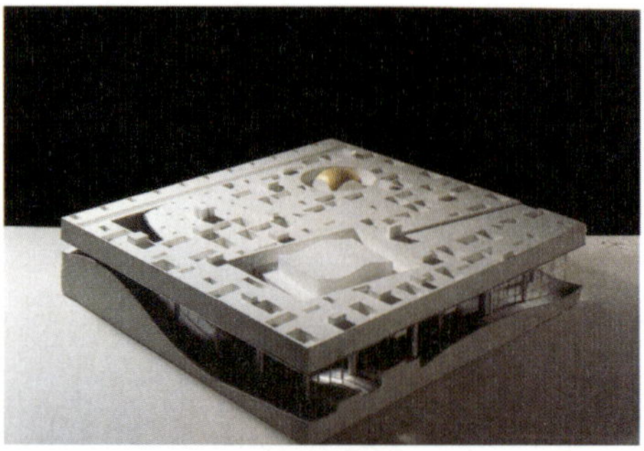

그림1-16. 렘 콜하스, 아가디르 회의장, 1990

그림1-17. 렘 콜하스, 카사 델 무지카, 2005

그림1-18. 렘 콜하스, 시애틀 도서관, 2004

그림1-19. 렘 콜하스, 베이징 CCTV 사옥

인 불확정성 속에서 특이한 특이점의 순간에 나타남을 상징하는 "특이성(singularity)과 불확정성(indeterminacy) 사이의 변증법"[2] 을 보여주거나, 베이징의 CCTV 사옥(그림 1-19), 혹은 얼마 전 완공된 로테르담의 데 로테르담 건물(그림 1-20) 같이 특이적 원형(singular prototype)을 유형학적으로 적용하는 ICT 기반의 디지털 건축을 보여준다.

그림1-20. 렘 콜하스, 데 로테르담

이와 동시에 유명한 건축저널 AD지는 1980대 중반 해체를 연속적 특집 시리즈로 기획했던 것처럼, 90년대 이후부터 접힘과 주름, 사이버 건축, 초곡면(hypersurface, 그림 1-21)과 같은 사이버 시대의 기하학과 수학, 과학 이론들을 건축의 주제들로 연속해서 특집으로 다루기 시작했다. 나아가 그렉 린(Gregg Lynn)과 제프리 킵니스(Jeffrey Kipnis), 샌포드 퀸터(Sanford Kwinter)와 같은 비선형 건축의 이론가들과 네덜란드 출신의 수퍼 모더니스트들, 즉 벤반 베어켈과 UN 스튜디오, 라스 스파우브룩(Lars Spuybroek, 그림 1-22), 카스 오스터하우스(Kas Oosterhuis, 그림 1-23) 같이 사용자에 의한 컴퓨터의 상호작용으로 유기체적 형상을 가진 굴곡진 건축 형태의 내부 프로그램과 구조체 자체를 변형시키는 작가들, 그리고 마코스 노박(Marcos Novak)과 같이 사이버 공간 내에서의

그림1-21. 초곡면, 스티븐 페렐라, 뫼비우스 주택 스터디, 1998

2) Juan Antonio Cortés, "Delirious and More", *El Croquis* 131/132, 2006, p. 11, 김원갑, 「제2기계시대 현대성의 건축적 구현: 렘 콜하스의 건축」, 시공문화사, 2008, p. 150 재인용.

그림1-22. 라스 스파우브룩, 소노 주택

그림1-23. 카스 오스터하우스, 굴곡의 건축

실험으로 유동적(liquid), 전이적(trans) 상태의 건축을 보여주는 작가들이 관심의 핵심으로 떠오르기 시작했다.

마코스 노박은 특히 전이 건축(transarchitecture, 그림 1-24)의 의미를 다양한 정보와 물질들이 사이버 공간 속에서 서로 얽혀들어 가상의 현실과 실제의 공간이 부드럽게 통합되는 중간 단계의 건축으로 정의함으로써 건축과 비건축의 한계를 모호할 정도로까지 확장시킨다. 그리고 거의 동시에 정보화의 강국 우리나라에서도 디지털 건축이라는 용어가 새로운 화제로 부상되었다. 이제 디지털 이라는 용어는 21세기 한국의 모든 문화와 사회 전반을 가로지르는 키워드이자 절대적 명제가 되었다고 해도 과언이 아닐 것이다. 21세기의 시작과 함께 「매트릭스」나 「엑시스텐즈」같이 가상현실을 디지털 기술로 매끄럽게 처리한 SF영화의 유행뿐만 아니라, 모든 상업 광고, 학회 세미나의 주제, 학생 작품전의 주제, 심지어는 '미술관'이나 '문학' 앞에도 디지털이라는 접두어가 사용되어야 그것의 현대적 이미지를 보장받는다. 이제 디지털은 아날로그 시대를 대체하는 기술적 용어를 넘어서 디지털 이미지로서의 '시뮬라크르' 이상의 확대된 실제적 가치를 부여받는다.

그림1-24. 마코스 노박, 전이 건축

이것은 현대 과학과 문화가 고전적인 뉴튼식의 기계론적, 선형적 물리학과 환원주의식의 사고로부터 생물학 등의 새로운 영역으로 관심을 돌리고, 그것의 특징인 비선형적 논리와 유기적인 정보 이론 등을 새로운 도구로 부각시킨 코드 변환의 과정과 정확히 일치한다. 다시 말해 상대적으로 느린 문화적 패러다임으로서의 건축의 사고적 변환은 과학과 사회 문화 전반에서 이미 코드의 변환이 완료되었음을 확인시켜주는 작업이기도 하다. 최근 20년간에 걸친 컴퓨터와 정보 통신 산업의 발전과 디지털 문화를 대하는 대중의 인식변화는 이러한 코드의 변환을 충분히 반영해준다. 아마도 21세기의 시작과 함께 진행되었던 고전적 기계시대의 붕괴과정은 2001년 9월에 모더니즘의 상징이었던 세계 무역센터 빌딩의 붕괴와 더불어 그 광경을 전 세계적인 네트워크로 모든 세계인들이 동시에 목격하고 인식했던 상징적 사건으로도 설명될 수 있을 것이다.

정보의 동시적 수용이라는 단순한 논리 외에도, 그것은 예측불능의 기상변화와 마찬가지로, 다양한 외적 힘(vector)들이 매개 변수적으로, 위상학적으로 다중적으로 작용함으로써 발생한 일종의 급변적 상황이기도 했기 때문이다. 이러한 급변은 르네 톰(René Thom)이 기상의 변화나 기류의 흐름, 배의 전복 과정, '투쟁/도피'와 같은 생태계의 태도결정 등을 예로 들어 설명하듯, 외부의 힘들이 위상 공간 내에서 연속적으로 작용하는 가운데 갑작스럽고 불연속적인 비선형성에 의해 시스템— 혹은 공간 —이 점성으로 구부러지고, 동시에 안정되는 것을 의미하게 된다. 그러므로 최근의 많은 건축가들은 이러한 급변 이론을 인용해 접힘이나 휘어짐의 공간을 건축에 적용한다.

접힘과 휘어짐의 공간을 보여주는 건축가들은 이것이 과거의 맥락주의가 보여주던 지루한 획일적 연속이나 해체가 보여주던 급격한 이질적 단절과 충돌 모두를 피해, 이질적인 각각의 시스템 내의 차이들을 유지한 채 부드럽게 연속시키는 방식으로, 내적 가변성과 유연성 모두를 유지하는 자유로운 방식임을 주장한다. 이러한 물리적 유연성의 결과로 나타나는 이들의 공통적 특징은 이들이 과거의 포스트 모던 상징주의에서 중요한 요소로 다루었던 형태적, 의미론적 은유를 배제한 채, 순수히 중성적인 공간 내에서 물리적 운동을 표현하는 방식 자체를 디자인의 전체 과정으로 파악한다는 것이다. 예를 들어 라스 스파우브룩 같은 건축가는 자신의 건축 디자인이 어떠한 은유도 없이, 단지 공간 내의 움직임들의 표현, 다이어그램에 의해 비은유적으로 생산되어짐을 표명한다.

그러므로 접힘과 휘어짐의 기본적 틀을 가진 공간 내에서 다양한 벡터를 가진 운동들을 가정함으로써 그러한 다양한 운동들의 궤적을 기록하는 자체가 수많은 방울과 굴곡의 형태들로 나타나게 되는 것이다. 그리고 이러한 비은유적 작업 방식이야말로 인간의 감성이 배제된 채 순수히 컴퓨터의 연산작용에 의해 결과되는 디자인의 본질이자 한계라고 할 수 있을 것이다. 이것은 이중의 역설을 보여준다. 현대의 컴퓨터 디자인에 의한 유동성의 건축은 외적 형태에서 자유로운 굴곡과 휘어짐을 과장될 정도로 보여주지만, 이러한 작업 방식의 본질에는 모더니즘 전성기의 신즉물주의(Neue Sachlichkeit)가 굴곡과 유기적 형상에 대립되는 기하학적 형상을 이용해 모든 주관적 감성을 배제한 객관적 디자인을 생산하려했던 것과 동일한 정신상태, 즉 은유와 감성이 제거된 기계적 생산방식이 존재한다.

그렇다면 한국의 건축적 현실로 나타나고 있는 디지털 건축화의 현상은 이러한 이중적 역설과 동일한 과정으로 진행될 것인가? 이것에는 또 다른 차원의 역설이 존재할 수 있을 것이다. 휴대전화와 인터넷 가입률 1위인 우리 사회에서 PC방의 이용객 99%가 게임과 채팅만을 정보 습득의 모든 것으로 인식하고, 국민 대다수가 보유한 스마트 폰이 대부분 페이스 북과 트위터 등의 SNS를 통한 익명적 자기 확인의 도구로만 활용된다는 역설적 현실이 또한 현재 진행되고 있는 건축의 디지털화라는 과정에도 흡사한 코드로 적용될 수 있을 것이기 때문이다. 그러므로 현재 우리 사회에서 집단적으로 부각되고 있는 디지털화의 현상과 우리 건축계에서 부각되고 있는 디지털화의 현상에는 공통적으로 '디지털 이미지'라는 의미가 적용될 수 있을 것이다.

디지털 이미지는 디지털 건축을 상징적 형태로 인식하게 된다. 나아가 포스트 모던 건축의 상징적 이미지화가 특정 부류의 상징화된 포스트 모던 건축의 형상을 양산했듯이, 디지털 건축의 상징적 형태는 동일한 특정 부류의 형상들만을 양산해낼 위험을 내포한다. 디지털 건축을 표방한 대부분의 작품들에서 드러나듯, 3D 프로그램으로 매끄럽게 표현된 디지털 건축의 이면에는 디지털 방식으로 진행된 디자인 과정에 앞서 특정한 몇 가지의 유행적 형상이 이미 고정되어 존재하기 때문이다. 이것은 물론 대부분의 문화적 현상이 유행의 집단적 획일화 현상으로 나타나는 우리의 사회적 특성과도 부분적으로 관련이 될 것이다. 우리나라 휴대 전화의 판매 전략과 홍보가 비즈니스를 목적으로 하는 계층보다는 청소년을 주 대상으로 한다는 사실은 이러한 역설을 충분히 설명해줄 수 있을 것이다.

휴대 전화의 주 고객인 청소년들에게 휴대전화는 하나의 이미지, 즉 시뮬라크르로서 존재하는 것이며, 이러한 특정의 유행적 이미지는 휴대 전화의 본래 기능과 목적을 이미 넘어서고, 동시에 변질시키기 때문이다. 그러나 하이테크의 이미지가 하이테크 건축의 범위를 결과적으로 결정했듯이, 이러한 디지털 이미지는 또한 디지털 건축을 정의하는 결정적 도구로 될 수도 있을 것이다. 그것이 모든 문화 현상의 진행 과정이고, 또한 시뮬라크르가 지배하는 현대 사회의 특징이기 때문이다.

1.2. SF와 미래적 건축

현대의 시점에서 지난 100년간의 건축과 문화 예술의 흐름을 관통하는 지배적 패러다임에 대한 정의는, 그것이 긍정적 측면 뿐 아니라 그것에 상응하는 부정적 측면까지 함께 지녔을지라도, 기술(Technology)이라는 관점으로부터 멀리 나아갈 수는 없을 것이다. 20세기의 모든 문화 예술을 이끌었던 모더니즘이 17세기부터 시작된 기술의 진보와 산업 혁명으로부터 야기된 사회 전반의 급격한 변화로부터 탄생되었다는 사실은 기술이 금세기의 모든 패러다임들에 있어서의 결정적 역할을 유지했음을 주지시켜 준다. 실제적으로 19세기 후반부터 급속도로 진행된 기술적 진보와 다양한 기계 장치들의 발명은 그것이 인간들에게 생활의 편리함과 함께 미래의 유토피아적 낙원을 보장해줄 것이라는 신념을 가지게 했는데, 미래 사회에 대한 이러한 환상은 무엇보다도 쥘 베르느나 웰즈의 초기 SF 소설들로부터 수많은 만화책, 영화, 그리고 최근의 첨단 사이버 컬쳐(Cyberculture)를 다루는 윌리엄 깁슨(W.Gibson)의 「뉴로맨서」에까지 이르는 SF의 전통으로부터 쉽게 찾을 수 있다.

특히 SF 영화의 장르는 미래의 건축과 도시의 모습을 가장 현실적으로 묘사한다는 점에서 20세기 초부터 현재까지의 이들의 진행 과정을 살펴보는 것은 우리에게 기술의 발전과 그것에 상응하는 건축 디자인의 변화에 대한 새로운 흥미를 제공해 준다. 예를 들어 네덜란드의 건축 저널 「오아제」(OASE)의 편집자 라라 슈레이버(Lara Schrijver)가 말하듯, "SF를 가능한 미래의 상상적 추론을 위한 20세기의 논거로 이해하고, 사이버펑크를 정보시대를 특별하게 다루는 SF의 하부 범주로 이해한다면, 그것들 모두는 미래 건축 환경의 다양한 표현을 비교하기 위한 흥미로운 장소를 제공하기"[3] 때문이다.

---

3) Lara Schrijver, Pnina Avidar, "Virtually Here: Space in Cyberfiction", *OASE*, vol. 66, 2005, p. 1.

미래 사회와 건축, 도시에 대한 초기의 유토피아적 비전은 프리츠 랑(F. Lang) 감독의 「메트로폴리스」(Metropolis, 1927, 그림 1-25)와 헐리웃의 Fox 스튜디오가 제작하고 데이빗 버틀러(David Butler)가 감독, 구슨(S. Goosson)이 디자인한 「져스트 이매진」(Just Imagine, 1930, 그림 1-26), 그리고 윌리엄 멘지스(W.C.Menzies) 감독의 「미래세계」(Things to Come, 1936, 그림 1-27) 같은 SF 영화들에서 잘 묘사된다. 이들의 공통적 특징은 1910년대에 사진 작가인 알프레드 스티글리츠(A. Stieglitz)가 묘사했듯이 "가장 환상적이고, 거대한 기계와도 같았던" 도시인 뉴욕을 모델로 한 마천루들과 높은 교각들, 번쩍이고 다중적 층으로 된 도시의 모습, 비행기들과 터널들로 연결되는 교통 수단 등과 같이 미래에 대한 순진한 희망으로 나타난다. 이들은 1920년대와 30년대의 많은 근대 건축가들의 유토피아적 열정을 그대로 반영했다고 볼 수 있다. 이러한 낙관적 비전은 1960년대 중반에 이르기까지 어느 정도 유지된다.

그림1-25. 프리츠 랑, 메트로폴리스, 1927

그림1-26. 데이빗 버틀러, 져스트 이매진, 1930

그림1-27. 윌리엄 멘지스, 미래세계, 1936

그림1-28. 바바렐라, 1968

유선형의 우주선과 투명 유리, 번쩍이는 금속들과 부드러운 모피의 공간을 통해 팝아트적 디자인을 보여주는 로저 바딤 감독의 「바바렐라」(Barbarella, 1968, 그림 1-28)는 우주개발이 시작된 60년대식 낙관주의의 대표적 예라고 할 수 있다.

60년대의 이러한 기술적 낙관주의는 실제 건축 디자인에서 그대로 반영된다. 이것은 당시의 고도의 경제 성장과 정보의 발달, 그리고 새로운 소비 문화의 형태에 의한 결과로서, 많은 건축가들이 SF적인 거대 구조(Megastructure)들로부터 해결책을 찾으려 했다. 아키그램(Archigram) 그룹의 「걸어가는 도시」(Walking City, 1964, 그림 1-29)나 「즉석 도시」(Instant City, 1968, 그림 1-30), 발터 요나스(W. Jonas)의 「인트라폴리스」(Intrapolis, 1960, 그림 1-31)나 벅민스터 풀러(B. Fuller)의 「수상 정사면체 도시」(Floating Tetrahedral City, 1966, 그림 1-32), 혹은 일본의 메타볼리스트(Metabolist) 그룹의 거대도시 계획 등, 많은 건축가들은 부품 교체식 구조, 입체적 교량 구조, 움직이는 도시, 해저

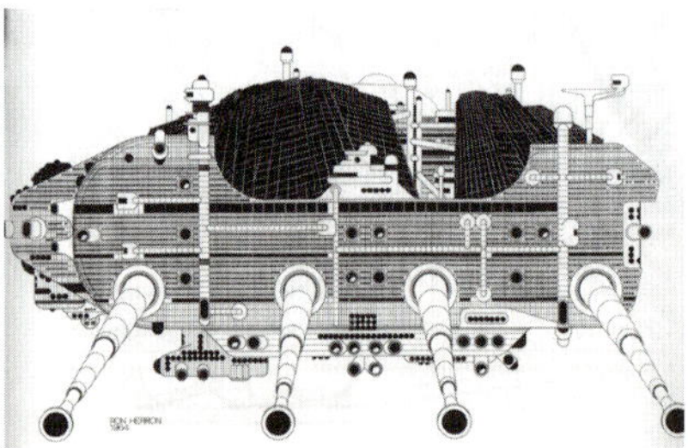

그림1-29. 아키그램, 워킹 시티, 1964

그림1-30. 아키그램, 즉석도시, 1968

그림1-31. 발터 요나스, 인트라폴리스

그림1-32. 벅민스터 풀러, 수상 정사면체 도시, 1966

구조, 공기 부풀림식(Pneumatic)구조, 생체적 구조, 텐트식 구조 등등의 당시 기술적 수준으로는 실현하기 어려운 도시적 규모의 유토피아적 계획을 보여 준다.

그러나 2차 세계 대전으로 판명된 기술의 파괴적 측면과 전후 복구 기간 동안 세계적으로 진행된 근대 건축의 대량 생산된 야만성 등으로 야기된 기술적 낙관주의에 대한 회의는 점차 미래에 대한 비관적 관점으로 바뀌어지고 있다. 예를 들어 스탠리 큐브릭(S. Kubrick)의 영화 「2001년 스페이스 오디세이」(2001: A Space Odyssey, 1968, 그림 1-33)는 미래의 기술적으로 진보된 화려한 유토피아적 모습 대신 평범한 건축 실내의 모습을 보여 주며, 「매드맥스」 시리즈(Mad Max, 1978/ Road Warrior, 1982/Beyond Thunderdome, 1985, 그림 1-34, 35)는 핵전 이후의 파괴된 건축물만을 보여준다. 또한 리들리 스콧(R. Scott) 감독의 「블레이드 러너」(Blade Runner, 1982, 그림 1-36)는 「메트로폴리스」에서 묘사된 마천루들의 형상이 다시 재현되나, 더 이상 새로운 양식적 표현이 없이 포스

그림1-33. 스탠리 큐브릭, 2001 스페이스 오디세이, 1968

그림1-34. 매드 맥스, 1978

그림1-35. 매드 맥스, 1982

그림1-36. 리들리 스콧, 블레이드 러너, 1982

트 모던의 특징인 과거와 현재의 다양한 혼합적 양상을 비관적인 산성비 속에서 보여 준다. 1980년대 초의 포스트 모던 건축에서 나타나는 과거의 고전적 양식들의 무작위적 혼합 방식은 미래적 비전이 상실된 채 기술의 퇴보적 양상을 보여 주던 당시의 상황을 반영한 것이라고 할 수 있다.

테리 길리엄(T. Gilliam) 감독의 「브라질」(Brazil, 1985, 그림 1-37), 「12마리의 원숭이들」(Twelve Monkeys) 역시 미래의 비전은 매우 비관적인 도시적 스케이프로 나타난다. 그러나 1990년대부터는 예를 들어 빔 벤더스(W. Wenders)의 「이 세상 끝까지」(Until the end of the world, 1991, 그림 1-38) 나 뤽 베송의 「제5원소」(The Fifth Element, 1997, 그림 1-39)에서와 같이, 비록 낙관적 전망보다 비관적인 분위기가 우세할지라도, 완전한 디스토피아(distopia)적 관점 대신, 발전된 기술을 토대로 하여 전자적 매체 시대의 기계적 이기들을 적극적으로 수용하는 어느 정도의 희망을 보여 준다. 더 나아가 2014년 전 세계를 열광시켰던 SF 영화 「인터스텔라」(Interstella, 2014, 그림 1-40)는 1968년에 나온 「2001년 스페이스 오디세이」를 오마주로 하여 모놀리스(monolith)와 로봇 타

그림1-37. 테리 길리엄, 브라질, 1985

그림1-38. 빔 벤더스, 이 세상 끝까지, 1991

그림1-39. 뤽 베송, 제5원소, 1997

그림1-40. 인터스텔라, 2014

스의 형태, 그리고 블랙홀을 관통해 시공을 초월하는 이미지들을 유사하게 연속시키지만, 45년 이상 지난 현재의 관점에서 「인터스텔라」가 그리는 미래의 모습은 전작의 비관적 미래 보다는 토성의 위성에서 첨단의 미래적 생활을 영위하는 다소 희망적인 모습으로 그려진다. SF 영화들의 역사를 통해서도 알 수 있듯이, 기술의 발전과 건축 디자인과의 관계는 초기의 기술에 대한 무조건적 신봉으로부터 기술에 대한 전면적 부정을 거쳐, 21세기의 현재에 와서는 기술이 필연적으로 인간 생활과 분리될 수 없는 것이며, 인간 사회가 기술 이전의 원시 사회로 되돌아갈 수 없는 것이라면, 그러한 발전된 기술을 이용하여 인간 스스로 발명한 기술의 노예로 전락하는 것을 최대한 피하는 방식을 모색하는 것이 가능한 대안이라고 설명한다.

1.3. 시대 정신으로서의 기술의 숭배

모더니즘의 주요 주제가 기술과 기계의 미학이었듯이, 20세기 건축 역시 기계 미학을 자신의 규범으로 삼았으며, 그것은 20세기의 하나의 시대 정신(Zeitgeist)으로 간주되었다. 물론 이러한 기계 미학이 근대 건축에서 새롭게 등장한 것은 아니다. 이미 중세의 고딕 건축의 구조적 디테일 역시 기계의 이미지로 비유되었으며, 19세기 초의 철제 교량 구조물들 역시 기계적 이미지로 표현된 사례가 있기 때문이다. 그러나 그것은 당시에 건축의 미학적 규범과는 거리가 먼 부정적 이미지로 표현되었으며, 기계 이미지가 하나의 모범적 규범으로 된 것은 근대 건축에서였다고 할 수 있다.

플라톤의 「티마이오스」(Timaeus)가 뉴튼 물리학이 탄생하기까지 과학의 모델로 되어 서양 고전 건축의 비례에 관한 규범으로 된 이래, 17세기에 프랑스의 클로드 페로(C. Perrault)가 당시 근대 과학자들의 영향 아래 고전 건축의 비례 체계 대신 수학적 체계의 합리적 건축을 주장했지만, 그 역시 건축을 기계적 원리로 접근했음에도 불구하고 그것을 형태적 모델로 삼은 것은 아니다. 결과적으로 18세기 전반까지 건축적 사고에 나타난 과학적 은유는 아주 미미한 정도였다고 말할 수 있을 것이다.

그러므로 건축에서 과학 기술이 실제의 실용적 이론으로 실천성을 가지고 나타난 것은 19세기 이후부터라고 보아야 할 것이다. 그 이전의 건축 이론들에서 과학 이론은 단지 하나의 사변적 이론일 뿐이었으며, 실용성을 지닌 학문이 아니었기 때문이다. 실제로 건축과 과학과의 결합은 알베르토 페레즈-고메즈(Alberto Pérez-Gomez)가 주장하듯, "형이상학, 로고스 중심주의 등의 종말을 의미하는 최근의 과학혁명에 의해 이루어진 것"[4] 이었다. 17세기에 '과학적 합리주의'[5] 를 새로운 패러다임으로 만든 과학혁명을 가능하게 했던 뉴튼 물리학이 탄생하기 전까지, 고전적 과학 이론의 모델이었던 플라톤의 「티마이오스」는 과학적 진리를 실증적인 실험과 실용적 실천이 아니라 단순히 수학적인 상응(correspondence)으로만 이해하였고, 건축을 기하학으로서만 언급했기 때문이다. 당시에도 "건축 이론은 과학과 같은 지위를 얻고 있었으나 실천의 장으로서의 실용성은 없었으며, 과학이 관조해야만 하는 것은 비례적 질서뿐이었다"[6] 는 페레즈-고메즈의 주장은 이를 뒷받침해준다.

물론 이미 17세기부터 과학의 새로운 발전과 함께 건축과 과학 기술과의 관계에 변화가 일어났던 것은 사실이다. 1600년대 중반에는 지라르 데자르그가 원근법과 석조기술에 관한 실용적인 이론을 개발했으며, 17세기 말에는 클로드 페로가 생물학과 생리학에 관한 지식을 이용하여 가장 개연성이

4) Alberto Pérez-Gomez, "Analogy or Disjunction?-Architecture as Science,"*Anyplace*, 「장소의 논리」, 현대건축사, 1997, p. 81.

5) 과학적 합리주의는 이 세상의 질서가 수학적으로 표현될 수 있다는 기계론적 세계관에 근거한 것으로, 이것은 합리성을 보장하는 전제조건으로서 자연과학에서 사용하는 방법론인 수식화, 정량화, 관찰, 실험 등을 중시하는 태도를 의미한다. 김영식, 「과학혁명」, 민음사, 1986, p. 8, 황두진, 「근대 및 현대건축에 나타난 과학적 합리주의의 형태적 표현에 대한 연구」, 서울대 석론, 1988, p. 8 재인용.

6) Alberto Pérez-Gomez, *op.cit.*, p. 82.

높고 수학적으로 정확한 체계로서의 과학적인 건축이론을 만들고, 건축이론의 목적을 건축의 실천을 조절하기 위한 가능한 범용적 처리방식을 제공하는 것[7] 이라고 했기 때문이다. 이것은 피터 아이젠만이 고전시대의 종말이 페로에 의해 초래되었다고 주장했듯이, 건축을 과학적 실천으로 본 최초의 사례라고 할 수 있을 것이다.

그러나 건축을 과학적인 실천으로서 본격적으로 주장한 것은 19세기 초의 뒤랑(J.N.L. Durand) 이후부터라고 보아야 할 것이다. 그는 응용과학이라는 건축이론과 기술로서의 실천이라고 하는 틀을 만듦으로써 건축의 전통적이고 과학적인 이론을 순수한 수단으로 바꾸었으며, 건축이론의 가치를 실용성으로 판단하도록 만들었기 때문이다. 그러므로 19세기 이후 과학으로부터 사변적 요소가 추방되었으며, 과학이 진리나 가능성의 일부, 혹은 실용적 도구를 제공하는 것에 불과하다는 실증주의적 관점으로 되었다는 사실, 그리고 19세기 말에 비올레 르 뒥(Viollet Le-Duc)이 건축을 완전한 시스템으로 실현하기 위해 '순환'이라는 과학적 은유를 사용한 이래, 20세기에 이르기까지 건축에 과학적 은유를 응용하는 실용적 방식이 일상적으로 되었다[8] 는 페레즈-고메즈의 주장 사이에는 평행적 관계가 성립된다.

우리는 여기서 건축의 '과학적 실천'을 '과학적 은유의 응용'이라는 용어로 설명한 이유에 주목할 필요가 있을 것이다. 뒤랑의 건축에서 과학 이론의 실용적 실천에 관한 주장 이래 근대 건축의 수많은 실증주의적 건축가들이 과학 기술을 자신들의 이론적 배경으로 사용하고 건축의 실용성과 기능성에 관해 실험을 하였지만 그것은 실용적 적용보다는 대부분의 경우에 상징과 은유의 수준으로 나타났기 때문이다. 그리고 이것은 과학적 실천과 기술과의 관계에 관한 고찰에 의해 더욱 잘 드러날 수 있다.

---

7) *Ibid*.

8) *Ibid*., p. 81.

건축을 과학의 단순한 사변적 이론이 아니라 과학적 실천으로 보는 관점은 기술에 관한 용어적 성찰을 통해 설명될 수 있다. 이것은 기술을 단지 과학적 수단일 뿐 아니라 예술적 표현을 위한 중요한 개념으로 보는 관점으로 설명되는 것으로, '기술'(technic)[9] 이라는 용어의 의미적 변천 과정을 살펴볼 때 좀 더 확실하게 인식이 된다. 원래 서구 건축에서 기술은 '테크네'(Techne)'로부터 '테크놀로지'(Technology), 그리고 '텍토닉'(Tectonic)으로의 의미적 변화를 겪었다고 볼 수 있다. 여기서 기술은 단순히 손재주와 기법, 기교 등을 가리키는 것으로부터 산업혁명 이후로 도구와 수단 이외에 과정, 관념이라는 의미들까지 보태져서 그리스어 어원의 '테크네'(techné)와 '로고스'(logos)의 합성어인 '테크놀로지'(technology)란 용어로 됨으로써 '인간이 그의 환경을 바꾸거나 조정하도록 하는 수단이나 활동'이라는 의미로 되고 있다.

즉 '테크네'는 그리스어로 예술, 솜씨, 기예 등을 총칭하던 것으로, 건축에서 기술과 미적 직관을 모두 포함하는 개념으로 이해되었지만, 17세기 이후 '테크네'와 '로고스'의 합성어인 '테크놀로지'가 도입됨에 따라 건축에 있어서의 기술의 개념이 보다 세분화된 과학적, 수학적 개념으로 정립되었다고 볼 수 있을 것이다. 이것은 하이데거가 테크네를 단지 장인의 손재주뿐만 아니라 고도의 예술을 의미하는 것으로 해석하였다는 사실로부터도 설명된다. 또한 '텍토닉'은 19세기에 독일에서 기술의 시적 특징을 강조하기 위해 탄생된 용어로, 이것이 근대 건축의 기계 미학을 가능하게 한 동인이라고도 볼 수 있을 것이다. 그러므로 19세기 이래 건축에 있어서의 기술의 개념은 단순한 과학적, 수학적 체계로부터 나아가 미학적 개념으로까지 되었다고 할 수 있다.

결과적으로 현대적 의미에서 기술은 그것이 과학에 기초하고 있다는 점

9) technic은 그리스어 technikon, 혹은 techné를 어원으로 하는 불어식 표기인 technique에 대한 영어식 표기임.

에서 "인간이 무엇인가를 만들기 위해 사용하는 기술과 함께 컴퓨터의 프로그램과 시스템 분석같은 소프트웨어들까지를 모두 포함하는 과학적 지식을 의미하는 것"[10] 으로 해석된다. 왜냐하면 파이블만(James K. Feibleman)이 말하듯, "객관적이고 보편적인 이론을 발견하려는 순수과학과 순수이론으로부터 가설을 추출하여 실제에의 적용을 개발하려는 응용 과학에 반하여, 기술은 체계적 학문 외에 실천적인 지식과 도구를 사용하는 행위까지를 포함하는 것"[11] 이기 때문이다. 이러한 관점으로부터 건축에서의 과학과 기술은 17세기 이래 하나의 패러다임으로 성립되어온 '과학적 합리주의'의 엄격한 적용이라기 보다는 그것의 상징적 가치에 대한 표현을 목표로 했음을 알 수 있다.

앨런 코훈(Alan Colquhoun)의 "근대건축에서의 새로운 기술의 건축적 가치가 '사실'이라기보다는 그것의 이념이며, 건축물에서의 기술적 가치가 기술적 문제의 해결로서가 아니라 상징적 표상으로서의 성공 여부에 있다"[12]는 주장은 이 점을 잘 설명해준다. 결과적으로 건축에서의 과학과 기술의 적용은 그것의 실증주의적, 기능주의적 주장에도 불구하고 기술의 구체적, 실제적 적용에 있지 않고 기술의 시대 정신적 상징의 표현과 이미지의 표현으로 나타났다고 보아야 할 것이다.

구체적으로 건축에 있어서의 기술 숭배는 한편으로 19세기에 철과 유리, 콘크리트라는 3대 신재료가 등장함에 따라 더욱 확고하게 되고 있다. 18세기말부터 산업 혁명과 함께 건축적 구조물에 사용되기 시작한 철은 동시에 유리의 사용을 촉진시켰고, 19세기의 교량 구조와 온실 건축, 기차 역사 같은 건축물들을 통해 더욱 발전되었다.

---

10) James K. Feibleman, "Pure Science, Applied Science and Technology: An Attempt at Definitions," *Philosophy and Technology*, Free Press, 1983, p. 33, 김철규, 「건축형태표현요소로서 테크놀러지의 표현이념 및 원리에 관한 연구」, 영남대 박론, 1995, p. 6 재인용.

11) *Ibid.*, p. 27.

12) Alan Colquhoun, *Essays in Architectural Criticism: Modern Architecture and Historical Change*, MIT Press, 1981, p. 26.

발터 벤야민(W. Benjamin)이 「기술 복제 시대의 예술 작품」(1936) 에서 주장했던 것은 대량 생산과 신재료, 신기술의 사용으로 가능하게 된 새로운 예술 형식에 관한 것이었으며, 근대의 새로운 예술 형식을 가능케 한 동인인 모더니티(Modernity)를 발견한 것은 19세기의 아케이드(그림 1-41)와 온실, 공장, 철도 역사, 박람회장, 파노라마관(그림 1-42) 같은 당시의 신재료와 신기술에 의해 만들어진 '집합적 꿈'의 건축물들을 통해서였다는 사실은 건축-예술에 있어서 새로움의 형식과 기술 숭배와의 관계를 잘 설명해 준다.

그림1-41. 19세기 파리 아케이드

그림1-42. 파노라마

건축의 기술 숭배는 20세기 초 근대 건축의 대표적 건축가들의 개념에서도 잘 드러난다. 모더니즘의 황금기였던 1920년대에 기술과 기계 미학은 근대 건축의 강력한 미적 개념으로 등장한다. 독일의 건축가 페터 베렌스(P. Behrens)와 미스 반 데어 로에(Mies van der Rohe), 그로피우스(W. Gropius) 등에 의해 주장된 '신즉물주의'(Neue Sachlichkeit: 새로운 객관성)의 전통, 그리고 프랑스의 대표적 근대 건축가인 르 꼬르뷔제가 「새로운 건축을 향하여」(Vers

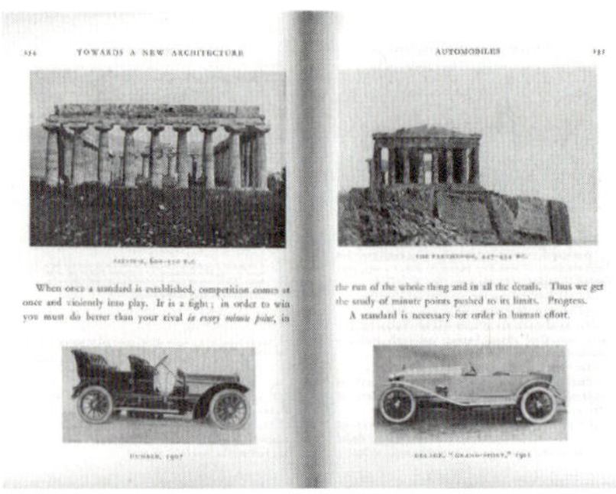

그림1-43. 르 꼬르뷔제, 새로운 건축을 향하여, 1923

une architecture, 1923, 그림 1-43)에서 비행기와 배, 자동차들의 기계적 형태를 찬양하고 "건축은 살기 위한 기계이다"라고 한 주장 등은 건축 디자인이 기계의 기능적 합리적 형태 뿐 아니라, 그것의 생산 과정 자체를 모델로 삼을 것을 주장한 것이라고 할 수 있다. 나아가 기계 미학은 러시아의 구성주의(Constructivism) 운동을 통해 건축물에서 트러스 같은 기계적 형태가 미적 상징으로 강조되고, 건축물의 부분적 형태들이 기계 부품들의 조합 방식으로 구성되도록 하였으며, 심지어는 디자인의 과정 자체를 공장의 생산라인을 따르는 방식으로 하도록 만들고 있다.

근대 건축에서의 기술에 대한 맹목적 숭배는 예술에 있어서의 '유사 과학주의'의 도입을 통해 가장 극명하게 드러난다고도 할 수 있다. 20세기초에 아인슈타인의 상대성 이론과 민코프스키의 4차원 공간 수학 등이 발표됨에 따라 입체파(Cubism)와 미래파(Futurism) 같은 아방가르드 예술 운동은 시간의 경과에 따른 움직임과 시각의 변화를 표현함으로써 4차원이라는 시간 개념을 정확한 과학적 지식이 없이 유사 과학적으로 예술 작품에 도입하려 시도했으며, 데 스테일(De Stijl)이나 바우하우스(Bauhaus)와 같은 추상적 건축 운동들 역시 벽체들의 개방에 의한 공간의 흐름과 가변성 등을 통해 4차원 공간을 실현하려는 유사 과학주의적 사고를 보여 주기 때문이다.

현대에서 기술 숭배는 이제 시대 정신으로서의 기술이 아니라 과학을 역설적으로 접근하려는 또 다른 하나의 모델로 나아가는 듯이 보인다. 그것은 이 세계가 카오스(Chaos)도 코스모스(Cosmos)도 아닌 '카오스모스'(Chaosmos)라는 관점으로부터, 단순한 시스템이 복잡한 행동을 하고, 복잡한 시스템이 단순한 행동을 하며, 복잡한 여러 법칙이 전체적으로 하나의 시스템을 갖고 있다는 '카오스 이론', 그리고 "세계는 한 방울의 물방울 속에 있다"는 라이프니츠의 주장과도 같이, 선형적인 뉴튼식 패러다임과는 또 다른 세계관을 보여 준다. 이것은 또한 "예외적, 부조리적, 비실용적 상상 속에서 과학을 수용하려는 역설적 과학" 이며, 사고와 가치가 결정적인 역할을 수행하고, 매우 복잡하게 계산이 되지만, 실용적 이론은 전혀 존재하지 않는 과학인 알프레드 자리(Alfred Jarry)의 '초합리적'(Pataphysique) 과학[13]을 이해함으로써 가능하게 될 수도 있을 것이다.

마르셀 뒤샹(M. Duchamp)의 '대형유리'(Large Glass, 1915, 그림 1-44)에 나오는 복잡한 '독신자 기계'나 다다이스트(Dadaist)들의 무의미한 복잡한 기계 장치들은 이것을 표현한다. 현대 건축 역시 모포시스(Morphosis)의 LA 암센터 건물(1987, 그림 1-45)이나 케이트 만틸리니 식당(1986) 같은 건축물 내부에 있는, 복잡하지만 아무런 특별한 기능이 없는 기계 장치(그림 1-46), 홀트, 힌

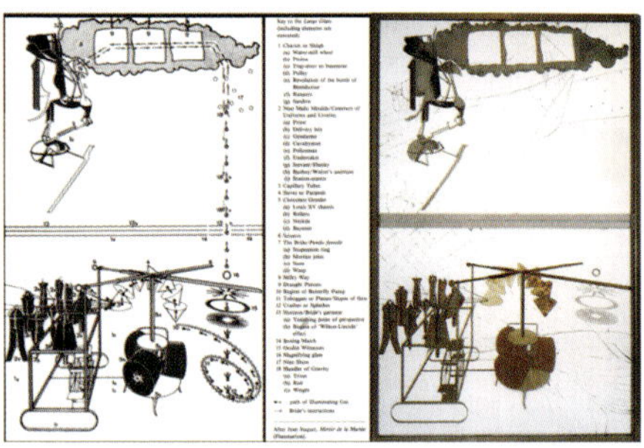

그림1-44. 마르셀 뒤샹, 대형유리, 1915

그림1-45. 모포시스, LA 암센터 건물, 1987

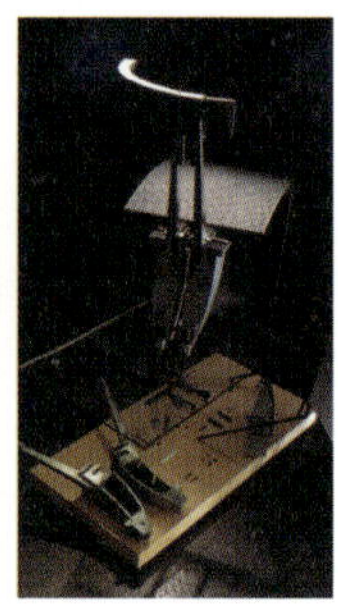

그림1-46. 모포시스, 케이트 만틸리니 식당의 기계장치, 1986

쇼, 파우, 존스의 기계적 장식의 주택, 닐 데나리(N. Denari)의 기계적 장식의 건축(그림 1-47), 카프카(F. Kafka)식 '글쓰는 기계'의 은유인 '글쓰는 기계'와 '읽는 기계' 를 디자인한 다니엘 리베스킨트(Daniel Libeskind)의 건축적 기계 장치(그림 1-48), 켄 카플란(Ken Kaplan)과 테드 크뤼거(Ted Krueger)의 「뷰로 딕토」(Bureau-Dicto,1989)계획들(그림 1-49), 그리고 딜러와 스코피디오(Diller + Scofidio)의 다양한 보철 장치를 한 건축 등을 통해 이러한 초합리적 과학의 건축적

13) 프랑스의 극작가 알프레드 자리의 책 「초합리적 파우스트롤 박사의 몸짓과 의견」(1911)에서 형이상학인 메타피직스(metaphysics)를 패러디한 신조어이다.

그림1-47. 닐 데나리, 기계적 장식의 건축

그림1-48. 다니엘 리베스킨트, 읽는 기계

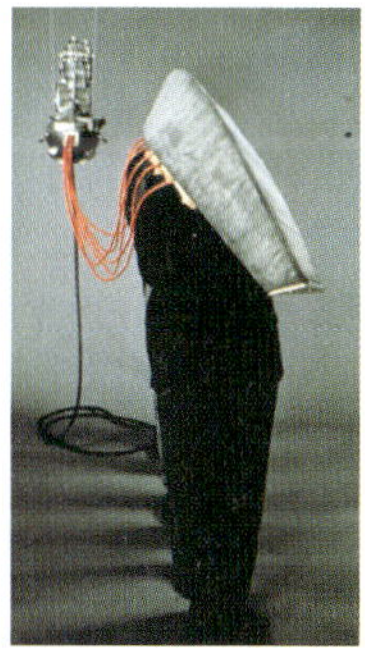

그림1-49. 크뤼거와 카플란, 뷰로딕토, 1989 (2)

은유를 보여 준다. 이것은 비실용적, 혹은 무의미의 기능들을 가진 복잡한 기계장치들을 생물체와 결합시킨 경우라고 할 수 있다. 알베르토 페레즈 고메즈가 주장하듯, "실증 과학이 전통적인 자연과학과 자연 철학을 비신비화한 것이라면, 초합리적 과학은 실증주의와 기술에 의해 완성된 세계의 비신화를 비신비화하는 아이러니의 과학"이라고 할 수 있다.

1.4. 건축의 미래적 비전

건축의 미래적 비전은 항상 풍부한 상상력과 첨단 과학 기술들과의 만남에 의해 실현되어 왔다. 1851년 영국의 만국박람회에서 당시에는 상상조차 할 수 없었던 철과 유리에 의한 거대한 전시 공간인 수정궁(Crystal Palace)이 조셉 팩스톤(J.Paxton)에 의해 건립된 이래, 피에르 샤로(P. Chareau)의 '유리의 집'(Maison de verre, 1928, 그림 1-50)에서 보여지는 기계 장치들, 벅민스터 풀러(R. B. Fuller)의 '다이맥시온 주택'(Dymaxion House, 1927, 그림 1-51)에서 실현된 첨단의 주거 기계, 콘라드 박스만(K. Wachsmann)의 '공간적 구조'(1941) 등은 첨단의 기술이 건축적 상상력에 의해 실제로 실현된 역사적 예들이라고 할 수 있다.

그림1-50. 피에르 샤로, 유리의 집, 1928

그림1-51. 벅민스터 풀러, 다이맥시온 주택, 1927

현대에 와서 건축의 미래적 비전은 발전된 과학과 전자 미디어 기술의 영향 속에서 더욱 그 영역을 확대하고 있으나, 대체적으로 그것의 영역은 세가지의 주요 관점으로 분류할 수 있다. 첫 번째는 첨단의 구조 공학과 인공지능, 설비 시스템을 바탕으로 그것을 미학적 관점으로까지 발전시킨 하이테크(High-tech)와 인텔리전트 빌딩들의 부류이고, 두 번째는 새로운 과학이론—비선형성(Non-linearity), 프랙탈 기하학(Fractal Geometry), 급변론(Catastrophe), 접힘이론(Folding theory), 생물학적인 자기 조직화 시스템(Self-organising systems), 대지 형상 건축(Landform building) 등—을 응용하여 건축 디자인에 적용한 경우, 그리고 세 번째는 여기서 더 나아가 실존하는 공간 개념 자체를 부정하고 인간의 신경조직과 컴퓨터 네트워크의 연결에 의해 가상적으로 존재하는 공간에 대한 실험을 하는 사이버스페이스(Cyberspace)의 영역으로 분류된다.

여기서 첫 번째의 영역인 하이테크 건축은 어떤 점에서는 완전히 새로운 것은 아니다. 왜냐하면 실제로 중력에 대응해야 하는 3차원적 구조체로서의 건축은 그것의 발전 과정 자체가 구조적 문제의 해결을 전제로 해야 했으며, 하이테크 건축의 배경은 바로 이러한 구조 체계의 혁신을 통해 그 자체를 형태적으로 강조하려는 시도에서 비롯되었기 때문이다. 그러므로 19

그림1-52. 프라이 오토, 텐트식 구조

그림1-53. 렌조 피아노, 리처드 로저스, 퐁피두 센터, 1977

그림1-54. 노먼 포스터, 르노센터, 1982

그림1-55. 마이클 홉킨스, 슐럼버거 연구소, 1985

세기의 철제 교량 구조물이나 철도 역사, 혹은 20세기 중반의 거대한 스타디움이나 돔(Dome), 그리고 1960년대부터 실험되었던 프라이 오토(Frei Otto) 같은 구조 건축가의 텐트식 구조체들(그림 1-52) 역시 최근의 하이테크 건축을 탄생시킨 모체라고 볼 수 있을 것이다. 1977년 렌조 피아노(R. Piano)와 리처드 로저스(R. Rogers)가 디자인한 파리의 퐁피두 센터(그림 1-53)가 예외적으로 유리로 된 피막의 벽체 외부에 철골 구조체와 일체의 설비 배관 시스템을 거꾸로 노출시킨 이래, 리처드 로저스와 노먼 포스터(N. Foster, 그림 1-54), 마이클 홉킨스(M. Hopkins, 그림 1-55) 등으로 대표되는 하이테크 건축가들은 기존의 철근 콘크리트와 수평, 수직 부재로 이루어진 라멘식 구조체로부터 벗어나, 유리, 금속제 패널, 케이블, 섬유재 등 특수 재료로써 현수식, 공기막 구조식 등의 다양한 구조 체계들을 실험하고 있다. 이것들은 물론 구조체 자체의 실험이 구조적 필연성을 넘어서 장식적 의미에 가깝게 되었다는 비판에도 불구하고, 건축의 미래적 비전을 현실적으로 유지시키는 결정적 역할을 한다는 점에서 중요한 의미를 지닌다.

이와 함께 구조 체계의 혁신과 더불어 환경 및 설비 체계의 자동화를 포함하는 개념인 인텔리전트 빌딩은 그것의 비싼 비용이라는 문제가 있지만, 이미 연구소나 실험적 건축 뿐 아니라 발전된 IT 기술을 통해 최근의 공동주택에 이르기까지 상당 부분 일반화되었다는 점에서 21세기의 새로운 건축 환경을 이끌어 나갈 대표적인 건축 시스템으로 될 것은 분명하다. 그것은 이제 제 2기계 시대에서 발전된 전자 정보 기술을 이용하여 인간이 항상 꿈꾸던 환상적인 최적의 환경을 실내에서 인공적으로 가능하게 해줄 것이기 때문이다. 예를 들어 리처드 로저스의 협력자인 마이클 데이비스(M. Davies)는 미래의 인텔리전트 빌딩에서의 생활을 다음과 같이 서술한다:

> "빛의 분광이 흘러내리는 피막을 바라보라, 그것의 표면은 순간 순간의 행위의 지도이며, 공기로부터 에너지를 흡수한다… 밤이 되어 밖이 차가워지면 벽체는 깃털을 세워 북측 면이 희게 되고, 남측 면은 푸른색으로 되어… 22층의 남측 면에 있는 연인들을 위해서는 조망을 명확히 해주고, 새벽이 되기 바로 전에 12퍼센트 정도의 은빛으로 된다."

또한 최근 일본의 한 연구소는 주택과 고도로 발전된 사회적 시스템을 연결하는 공공 네트워크를 사용하는 가정용 컴퓨터를 포함하는 재택 네트워크인 '가정용 버스 시스템'(The Home Bus System)을 언급한다. 실제로 노만 포스터가 디자인한 독일 노이도르프 시의 「극소 전자 공원」(그림 1-56)은 외피가 세겹으로 이루어져, 외부 유리 벽체와 내부 벽체 사이의 공간은 컴퓨터로 제어되는 블라인드로 구성되며, 내부 벽체는 외부 온도를 적절히 유지해주기 위한 투명한 단열재로 구성되는 방식을 보여준다. 또한 이 건물

그림1-56. 노먼 포스터, 극소 전자 공원, 뒤스부르크

그림1-57. 퓨처 시스템, 그린빌딩

은 모든 기술적 시설과 건물 유지가 직접 디지털 제어 방식(DDC)으로 감시되고 조종되는 인공 지능적 건물의 미래적 유형을 보여 준다.

나아가 퓨쳐 시스템(Future System)은 거대한 삼각대식 지지대에 의해 최상부 지점에서 매달리는 방식으로 유지되는 달걀 모양의 거대한 대안적 사무소 계획(Green Building, 그림 1-57)을 보여 주는데, 이것 역시 외부의 폐쇄형 유리 벽체와 내부의 개폐식 유리벽 사이에 빈 공간이 있어, 지상에서 17m 높이에 올려져 있는 건물 하부의 아트리움으로부터 신선한 찬 공기를 흡수하여, 자연적으로 오염되고 더워진 공기를 건물의 상부로 배출시키는 방식을 이용하며, 자동적으로 외부의 소음을 차단하는 효과를 얻고 있다. 결국 미래의 인텔리전트 빌딩은 고가의 비용에 의해 많은 에너지를 사용하는 인위적 방식을 넘어서서 귀 배틀(G. Battle)과 크리스토퍼 매카시(C. McCarthy) 같은 건축 기술자들이 언급하듯이, 외부의 환경 조건에 따라 능동적으로 자신의 피부나 신체 조건을 변형시키는 생물체와 같이, 자기 조직화를 통해 외부의 기상 조건에 자동적으로 대응하는 방식, 다시 말하자면 자연 속에서 자유롭게 에너지를 흡수 · 저장하고, 기후 변화에 적절히 대응하고, 섬유 조직망과 같은 외피를 통해 색채를 자유롭게 조절하는, 다기능적 거대 단일 외피의 방식을 취하게 될 것이라고 예견할 수 있을 것이다.

두 번째 영역인 새로운 과학 이론들을 이용하여 기존의 유클리드식 기하학을 포기하고, 보다 자연 형상에 더 가까운 유기적, 비정형적 형태를 취하는 건축가들은 건물의 하드웨어에 첨단의 기술적 장비들을 이용하기보다는 건물의 독특한 형상을 디자인하기 위해 위상 기하학(Topology) 등의 수학 이론을 이용하여 컴퓨터 시뮬레이션에 의한 작업을 한다. 이들은 기존의 기계론적, 선형적 패러다임이 더 이상 의미가 없으며, 보다 새로운 비선형적 패러다임으로 새로운 은유의 건축을 디자인해야 한다고 주장한다. 그러므로 제프리 킵니스나 샌포드 퀸터, 혹은 일본의 토요 이토(Toyo Ito)가 주장하듯, 현대의 정보, 전자 미디어의 흐름 속에서 자연의 흐름 속에 존재하는 인체의 관계를 의식함으로써 부드럽고 유동적인 유기적 시스템을 발견하는 것이 이들의 목표이며, 시간의 경과 속에서 미결정의 방향으로 변화하며, 항상 새로운 성질이나 형태, 패턴 등을 표출하는 생물체의 비선형적 과정에 따라 건물을 디자인한다.

특히 이들은 기하학적 시스템의 복잡성과 창조성이 고체에서 액체로 이행하는 순간—시스템의 가장 부드러운 지점—에 정점을 맞이한다는 전제하에 액체의 유동성을 건축물의 형상에 적용하는 수법을 사용한다. 다니엘 리베스킨트의 베를린 유태 박물관(그림 1-58)이 불규칙한 직선적 형상으로 나타나고, 피터 아이젠만의 오하이오 대학 아로노프 센터(1996, 그림 1-59)가 곡선 형상의 매끄러우면서도 주름이 잡힌 공간을 보여 준다면, 프랭크 게

그림1-58. 다니엘 리베스킨트, 베를린 유태박물관

그림1-59. 피터 아이젠만, 아로노프 센터, 1996

그림1-60. 프랭크 게리, 빌바오 구겐하임 미술관, 1997

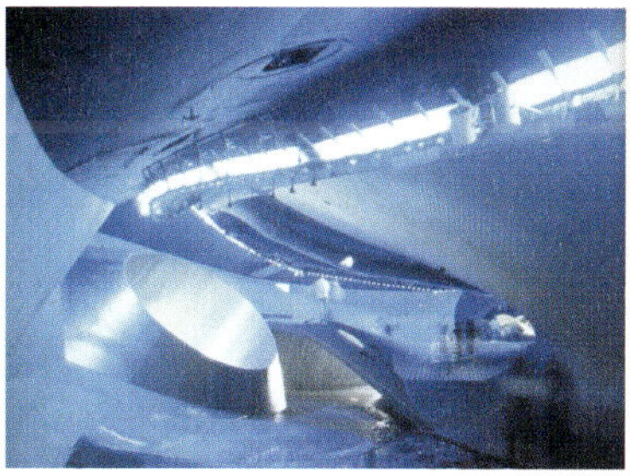

그림1-61. 라스 스파우브룩, 청정수 파빌리온, 1997

리의 빌바오 구겐하임 박물관(1997, 그림 1-60)은 더운 매끄러운 유동적 형체로 나타난다. 더욱이 네덜란드 출신인 라스 스파우브룩의 청정수 파빌리온(Fresh Water Pavilion, 1997, 그림 1-61)은 65m가 넘는 길이에 걸쳐 일정 간격으로 설치된 14개의 타원형의 유체적 변형을 경험하게 되는 것으로, 실제의 물과 가상의 물이 흐르는 가운데 다양한 감지기에 의해 조명과 음향이 조절되며, 벽체와 바닥, 천장의 구분이 모호해진 채 굴곡진 면들로 이루어진 부드러운 액체적 건축을 보여 준다.

마지막으로 사이버스페이스(그림 1-62)는 부드러운 액체적 공간으로부터 더 나아가, 3차원적으로 실존하지 않는, 하나의 공간적 은유로서, 윌리엄 깁슨의 SF 소설, 「뉴로맨서」에서 최초로 소개된 후 현재 그것의 건축적 가능성은 거의 현실화되고 있다. 실제로 사이버스페이스가 실현될 경우 필연적 결과로서 부지 사이의 위치적 차이가 없어지고, 각각의 장소에 일정하게 위치하는 개개의 주관성 안에서 개체로서의 인간이 고정화되고 소거되는 상황이 일어날 것이다. 그러므로 건축가들은 사이버스페이스를 실제로 건축물을 구축하기 전에 가상적으로 경험해보고, 다

그림1-62. 사이버스페이스

양한 비선형적 공간들의 가능성을 실험하는데 이용하는 데에서 더 나아가 실제로 가능한 경험으로서의 공간으로 구축하게 될 것이다. 궁극적으로 건축이란 실질적 현전을 통해서 원래의 의미를 가질 수 있지만, 수많은 SF 영화들에서 묘사하듯, 멀지 않은 미래에 실질적 현전과 가상 현실의 차이가 무의미하게 될 수도 있기 때문이다.

2. 사이버 문화와 유동적 건축

2.1. 사이버 문화와 비선형 디자인

1980년대에 나온 스티븐 리스버거의 영화 「트론」(Tron 그림 2-1) 은 인간이 컴퓨터 칩 속으로 전이되어 가상의 사이버 공간 속에서 게임을 벌이는 스토리를 다룬 것으로, 사이버 공간을 본격적으로 다룬 초기의 실험이었다고 할 수 있다. 물론 '사이버 공간'(cyberspace) 이라는 용어는 윌리엄 깁슨

그림2-1. 트론

(William Gibson)의 소설「뉴로맨서」(Neuromancer, 1984) 에서 주인공 케이스가 육체를 벗어나 제어판 속으로 들어가 컴퓨터 매트릭스 속을 뛰어 다니는 '인터페이스 카우보이'가 되도록 하는 매체, 즉 컴퓨터와 인간 뇌가 접속되어 형성된 가상의 공간을 의미하는 픽션상의 용어로 출발했지만, 인터넷이 이미 생활화한 현재, 사이버 공간은 우리의 일상 생활에서 떼놓을 수 없는 필수적 공간 개념으로 자리잡고 있다.

실제로 우리의 사회와 문화에서 '사이버'(cyber)라는 용어가 유행하기 시작한 것은 90년대 이후부터이지만 이 용어의 유래는 꽤나 역사가 깊다고 할 수 있다. 이제 '사이버'라는 접두어는 누구에게나 익숙한 용어로서, 인공두뇌, 혹은 가상이라는 의미로 사용되며, 기본적으로 컴퓨터와 관련된 개념으로 인식되고 있지만, 원래 '조타수'를 의미하는 그리스어 'kubernetes'로부터 파생된 용어인 '사이버네틱스'(cybernetics)의 줄임말로서, 현재는「미국 헤리티지 사전」(American Heritage dictionary)에서도 "전자적, 기계적, 생물학적 체계의 통제과정을 연구하는 이론"[1] 으로 재정의되고 있다. 그러므로 '사이버'가 지닌 의미는 이제 단순히 인공두뇌나 전자적 시스템의 의미를 넘어서 "컴퓨터를 이용하여 인간의 통제 기제와 기계체계를 자동 통제하는 것", 즉 '제어'와 '통제'의 의미가 더욱 강화된 것으로 해석되고 있다.

사이버네틱스라는 용어가 원래 "독자적으로 사고하고 자유 의지에 의해 항해를 하는 자"의 의미로부터 현재의 '통제'라는 의미로까지 변형된 배경에 대한 티모시 리어리(Thimothy Leary, 그림 2-2)의 연구는 사이버 문화의 본질적 의미에 대해 흥미로운 사실을 제공해준다. 즉 원래 헬레니즘적 기원에서 지도나 항해 장비없이 대양을 항해하며, 독자적으로 사고할 수 있는 능력의 조타수를 의미하는 kubernetes가 라틴어 gubernetes로 변형되어 "통

1) Thimothy Leary, "Countercultures", Chaos and Cyber Culture, Ronin Pub., Inc., 1994, 홍성태역,「사이버 공간, 사이버 문화」, 문화과학사, 1996, p. 198 재인용.

제(통치)하다"라는 의미로 되었으며, 그것이 1948년 노베르트 비너(Nobert Wiener)에 의해 "기계 사이에서 행해지거나 동물 사이에서 행해지는 모든 통제와 소통 이론의 영역을 가리키는"[2] '사이버네틱스'라는 용어로 대체된 것이다. 따라서 티모시 리어리가 생각하는 '사이버'의 개념은 전자적으로 단순히 제어되고 통제되는 것이 아니라 "변화하는 환경에 반응하여 지속적으로 방향을 변경하며, 환경에 대한 되먹임, 정보에 대한 지속적 반응을 하는"[3] 것을 의미한다. 그러므로 자신의 생활을 조타하는 인간으로서의 "사이버네틱 인간, 또는 '사이버넛'(cybernaut) 이라는 용어는 우리에게 '조타수'의 원래 의미를 돌려주고, 자립적인 사람을 순환 고리에 다시 집어넣는 개인들의 혁신적 사고를 가리키게 된다."[4]

그림2-2. 티모시 리어리

이러한 관점으로부터 스스로 생각하기 위해 이용 가능한 모든 자료를 이용하는 자로서의 '사이버펑크'(cyberpunk)는 흔히 생각하듯, 단순한 '해커'나 '반사회적 인종'같은 위험한 의미보다는 "자신의 사적인 목표, 개인적 즐거움, 이익, 원칙, 성장을 위해 지식-소통기술을 이용하고 조종하는 자유로운 사고"[5] 를 의미하게 된다. 건축에서의 컴퓨터의 활용은 이제 CAD를 이용한 단순한 프레젠테이션의 단계를 넘어, 디자인 과정에서 다양한 외적

2) *Ibid*., p. 198.

3) *Ibid*., p. 200.

4) *Ibid*.

5) *Ibid*., p. 201.

그림2-3. 마코스 노박, 전이건축 데이터 구동 형태

매개변수들의 개입을 통해 능동적으로 자유로운 유동적 디자인을 하는 단계에 있다.

마찬가지로 건물의 프레젠테이션도 평면이라는 표현방식이 사라지고 대신 동적인 시뮬레이션에 대한 인터페이스로 조작 운영을 하게 되었다. 이러한 관점으로부터 우리는 UCLA 건축 도시 디자인학부 교수인 마코스 노박이 주장하는 '전이건축'(transarchitecture)과 '유동적 건축(liquid architecture, 그림 2-3)이라는 용어를 주목해 볼 필요가 있을 것이다. '전이건축'은 "정보와 물질성, 가상과 실재, 가능성과 실질성 등이 서로 얽혀들며 다양한 수행을 병행하게 되는 건축으로서, 사이버 공간 내에서 모든 정보 네트워크를 통해 정보들을 중첩시키고, 가상 현실과 실재의 공간을 유연하게 통합하는 '유동적 건축'을 통해 자신을 표명하는 건축을 의미한다."[6]

예를 들어 네덜란드의 건축가 카스 오스터하우스와 NOX의 라스 스파우브룩의 작품들은 이러한 전이건축의 훌륭한 예들이다. 이들의 작품들은 인간과 서로 교감을 함으로써 양자 간에 유기적인 상호관계가 형성되도록 하는 건축으로서, "인간이 필요한 것을 건물이 인지하고 그 필요한 자료를 분석하여 스스로 변형을 하도록"[7] 계획되고 있다. 이 건물들은 실재의 다양한 주변 환경적 정보들을 직접 접수하여 사용자들과의 동시적 상호교감을 통해 그러한 정보들을 흡수하며 계속적으로 유기체와 같이 변화를 한다. 라스 스파우브룩의 「청정수 파빌리온」은 유기체와 같이 부드러운 형상의 거대한 볼륨으로서, 수평과 수직의 바닥, 벽, 천장의 구별이 따로 없이 전

6) 이철재, "트랜스아키텍처 Transarchitecture–Marcos Novak," 「건축인」, 2000년 7월호, pp. 144–146.

7) 이철재, "교감 Body–Building: Kas Oosterhuis," 「건축인」, 2000년 8월호, p. 120.

그림2-4. 카스 오스터하우스, 트랜스 포트의 변형된 외관들, 2001

체적으로 부드럽게 휘어진 공간들로 구성되며, 사용자들이 레버와 스위치를 조작함에 따라 가상의 물방울들이 유기적으로 변형되도록 계획되고 있다. 또한 카스 오스터하우스의 「트랜스 포트 2001」(Trans_Ports 2001, 그림 2-4)은 구조 기술자와의 협력[8] 하에 내부 응력에 따라 동시에 건물이 능동적으로 미리 프로그램된 외부와 내부의 표피를 가진 골격 구조를 유기적으로 변형시키도록 된 것으로, "잘 발달된 근육나발의 섬유질들처럼, 함께 묶여서 작동할 수 있도록 소프트웨어에 의해 개별적으로 제어되는 압축공기가 담긴 봉들로 구성된 스페이스 프레임과 방수 처리된 고무질 시트의 내외부 표피"[9] 를 가지는 가변적 구조로 이루어진 전이건축이다.

이것은 샌포드 퀸터가 주장하듯, 우리 문화가 "거의 5세기 동안 우리의 근대성을 지배해온 패러다임으로서의 물리학 모델, 즉 고전적 기계론과 환원주의로부터 점차 생물학 모델로 옮겨가고 있으며... 고전적 용어계에 있어서 비생물적 시스템을 가동한다고 이해되었던 에너지의 역학보다 정보의 역학이 우위를 차지함으로써, 우리가 능력에 의해 지배당하던 시대로부터 수행에 의해 특징지어지는 시대로 이동하고 있다는 것"[10]을 의미한다. 여기서 "전자는 모방, 재생산가능성의 기술에 의해 실현되었던 시대이고,

8) 이들은 컴퓨터로 연결된, 압축공기로 찬 실린더들의 예에서, 바람의 세기에 따라 마치 유기체와 같이 느슨하고 강하게 변하는 구조를 실험했다. *Ibid*., p. 126 참조.

9) *Ibid*., p. 127.

10) Sanford Kwinter, "Emergence: or the Artificial Life of Space," *Anywhere*, 정지성 편, 「공간의 논리」, 현대건축사, 1998, pp. 211–212.

후자는 모델화의 시대, 즉 신경과학에 관련된 실행주의 모델이나 컴퓨터를 사용한 실험 수학의 진흥, 경제나 생태, 자연에 관계된 복잡계 연구과정에서의 사이버네틱 패러다임의 부활, 그리고 인공 생명의 발생까지를 포함하는"[11] 시대를 의미하게 된다.

그러므로 오늘날 우리가 공간과 건축을 이해하는 관점은 전통적인 환원주의, 기계론에 의한 선형적 논리의 정태적 형태로부터 이미 시간의 경과 내에서 불확정적 방향으로 변화하고, 항상 새로운 성질이나 형태, 패턴 등을 나타내는 부드러운 시스템으로서의 비선형적 논리에 의한 유동적 형태로 향하고 있다고 해야 할 것이다. 실제로 이러한 부드러운 시스템은 사이버네틱 이론과 정보 이론, 일반 시스템론 등에 의해 처음에는 물리학에서 연구된 복잡한 유기적 시스템과 관련하여 발전되었으며, 현재는 모든 분야에서 이벤트 자체를 실제로 가동시키는 새로운 유형의 유동적 매트릭스로서의 비선형 시스템이라는 개념으로 이미 하나의 패러다임을 형성했다고 할 수 있다.

건축에서의 부드러움과 유동성의 의미는 샌포드 퀸터가 주장하듯, 실제로 우리의 지구와 건축을 위한 부지로서의 지각 표면 자체가 고체가 아니라 유동성의 반고체로 이루어져 있다는 관점으로부터도 알 수 있다. 왜냐하면 그가 말하듯, '판구조' 이론이 설명하는 지구의 표면은 "반고체 유형의 느리지만 멈추지 않는 운동을 하는 것으로, 대륙은 지각의 표층을 매우 불규칙한 궤도를 그리며 이동하고... 한편으로 그것은 이 시스템 전체를 밑에서 움직이는 내핵의 열에 의해 영원히 부유하고 이동하도록 하기 때문이다."[12] 그의 우주로부터 본 지구의 모습에 대한 다음의 서술은 유동적 시스템, 그리고 나아가 유동적 건축에 대한 이론적 배경을 더욱 잘 설명해준다:

11) *Ibid.*, p. 212.

12) *Ibid.*, p. 213.

... 멀리서 본 하나의 시스템, 혹은 광경으로서의 지구(그림 2-5)는 불가사의할 정도로 물기를 머금고 있으며... 이 거대한 수구는 안정과 불안정 사이에서 절묘하고도 신비롭게 균형을 유지하고 있는 듯하다. 시스템이 움직이고 있는 한 상태가 양호하고 안정되어 있긴 하지만, 일단 어느 한 부분만 정지하면 완전히 어긋나버린다. 즉 시스템의 안정성은 다이나믹스, 다시 말해 움직임과 변화와 차이-정보-를 조작 처리하고 우주의 모든 불규칙한 피문과 혼란을 이미 존재하고 깊이 관련되어 있는 내적 운동에 몰두함으로써 창조적 에너지와 변형하는 능력에 기초하고 있는 것이다... 이 시스템의 본질은 '부드러움'에 있다. 부드러움이라는 것은 이 시스템이 가진 동작 가능성과 내적인 차별화 능력을 의미한다. 이것은 정보를 혼동시키고 변형시키며, 환경과의 사이에서 교환시키는 능력, 그리고 지구규모에서 상호작용을 실시함으로써 삭감과 자기제어라는 2차적 효과를 창출하는, 복잡하고 상호 독립된 하위 시스템을 발달시키는 능력이다. 어떤 시스템이 유연하고 적응력있게 자기전개를 할 때, 또는 복잡하고 능동적인 정보의 농밀한 네트워크에 의해 유지되고 있을 때—보다 일반적으로 말하자면 시스템이 일정 비율의 예민한 만큼 혼돈된 흐름을 보호할 수 있을 때—그것은 바로 부드러움이다.

그림2-5. 우주에서 본 지구

2.2. 선형 디자인과 비선형 디자인

현대의 부드러운 건축을 향한 디자인의 프로세스는 이미 우리가 일상 생활에서 하나의 유기체로서 생활하고 사고하는 방식과 마찬가지로 역동적이고 유동적인 방식, 즉 인과율적인 결정론적 기대를 벗어나며 예측불능의 창조를 하게되는 비선형성의 논리를 취하게 된다. 그러므로 알리 라힘(Ali Rahim)이 주장하듯, "사고의 이러한 모델들은 발생적 잠재력들과 같이 진화하며 힘의 영역들, 개념적 다이어그램들과 같이 진화한다. 그것은 최첨단의 컴퓨터 소프트웨어를 이용함으로써 초기적 사고와 그것의 물질적 형태 사이의 개념적 발전을 하는데 있어서의 일시적인 틈새, 즉 '시스템적 지연'(systemic delay)을 통해 가능하게 된다. 현대의 실험적 건축가들은 결정론적 사고 과정을 넘어서 이러한 지연을 창조적으로 활용한다."[13] 그것은 디자인을 리얼리티와의 직접적인 부합으로부터 벗어나게 하며, 개방된 창조성을 허용하고 사고의 불확정적 방식을 통한 급속한 변화에 적용시킴으로써 변형을 하는 비선형 디자인의 과정이라고 할 수 있다.

원래 근대의 전통적 세계관은 "모든 물질의 시스템을 그 물리적, 화학적 구성요소들 사이의 상호행위로 환원하는 것으로, 이러한 환원주의적, 기계론적 세계관은 필연적으로 모든 현상을 인과율의 선형적 과정으로 보며, 따라서 실제적으로 지속적으로 유동하는 사물의 흐름을 일정한 방식으로 수량화하고 결정함으로써"[14] 단일의 결과를 얻도록 하는 것이었다. 이것은 선형적 디자인의 방식으로서, 예를 들어 대부분의 기존 건축가들은 실질적인 물질적 형태로 변환되는 다이어그램들을 만들고, 수많은 자료 분석이 수반되는 외적 관찰부터 시작하여 그 프로젝트의 형태를 만들어내기 위해

13) Ali Rahim, "Systemic Delay: Breaking the Mold," *AD.*, vol. 70, No3 June 2000, p. 6.

14) Sanford Kwinter, *op.cit.*, pp. 209-210.

(실제로는 미리 구상이 되어있는 물질적 형태의 완성을 위해) 양적 정보와 다이어그램의 형태에 의존을 한다. 대개의 경우에 디자인은 외적으로 결정되며, 디자이너의 유일한 영향은 상상이 아니라 직접적 실행에 의하게 된다.

근대의 인과론적 실증주의와 기능주의적 사고는 테일러 시스템의 진행 과정과 같이 결과의 기계적 생산을 위해 하나의 과정에서 그 다음의 과정으로 이어지는 선형적 방식을 취하도록 했다. 예를 들어 1920년대 당시 가장 실험적이었던 구성주의 건축의 기능적 디자인 과정은 이러한 방식의 전형을 보여준다. 삽첸코(Savchenko)가 설명했듯이, 그것은 비록 "건물과 그 공간들, 내부의 거주자들, 내부 활동들의 직접적 측정치들로 이루어지는 매개변수들과 그 건물에 대한 거주자의 반응들에 관한 측정치로 이루어지는 특성 사이에서 공간적 측면과 사회적 측면 모두를 향한 이중적 방향을 설정"[15] 했을지라도, 전체적 접근 방식에 있어서 자료와 대상들의 우선 순위를 결정함으로써 구성의 가능한 시스템들 사이에서 선택을 제한했으며, "한 가지의 확실한 목적을 가짐으로써

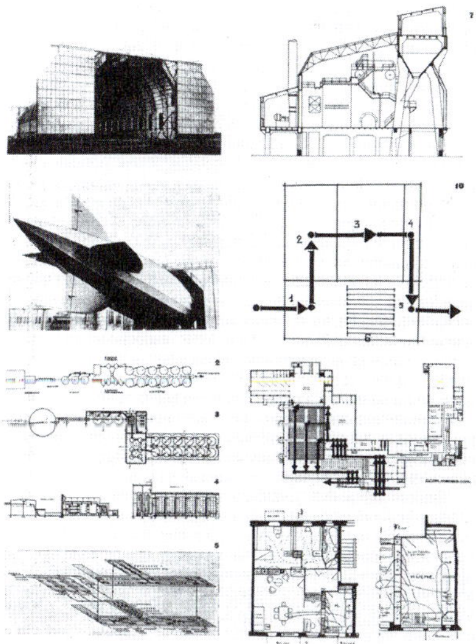

그림2-6. 긴즈부르크가 제시한 선형적인 플로우 다이어그램, 1927

그림2-7. 모이세이 긴즈부르크

15) M.R. Savchenko, "The Nature and Methods of Applied Research in Architecture," *Environment and Planning B*, 1980, vol.7, no.1, pp. 31–46.

첫 번째의 전제로부터 다음의 것으로... 뼈대로부터 외피로, 내부로부터 외부로, 하나의 의식적 과정에서 시작으로부터 결말로... 논리적으로 결정되는"[16] 선형적 과정(그림 2-6)을 따른다. 당시의 긴즈부르크(Moisei Ginzburg, 그림 2-7)가 발전시킨 플로우 다이어그램 개념은 테일러리즘식의 순서대로 진행되는 선형적 방식을 확실히 보여준다:

> 첫째, 공간적 매개변수들과 그것의 수치와 상호관계의 설정/ 둘째, 기본적 공간 해결을 위한 구성방법과 재료의 설정/ 셋째, 공간 요소들의 외적 상호관계, 즉 매스와 그것의 리듬, 비례들의 결정/ 넷째 개별적 구성요소들, 즉 틈새나 돌출부, 모든 자료들에 관한 형태의 결정.

비선형성의 디자인은 그러나 현대의 과학과 철학, 경제에 있어서의 시스템적 구성의 특수한 연구들을 통해 현대의 과정들에 폭넓은 영향을 미치고 있으며, 각각의 단계가 초기에 예견되기 보다는, 효과들이 원인에 인과적으로 비례하지 않고 우연히 불시에 나타나도록 함으로써 더 큰 효과를 만들어내는 잠재력을 지닌다. 그러므로 "부지와 재료, 프로그램, 기술의 효과들은 일단 초기의 수행이 내적으로 진행된 후 나타나며, 지연 이후에 자신들을 나타내므로 이러한 과정은 외적 요소들이나 다른 편견들에 대한 결정이 없이 디자이너의 개념적 의도에 연관된다."[17] 그러므로 이것은 들뢰즈의 '추상기계'(abstract machine)와 같이, 시간 속에서의 조건들과 복잡한 관계들의 다양성을 다루는 능력으로부터 파생되며, 다양한 요소들의 부드러운 연결에 의해 유동적으로 가능하게 된다.

16) Catherine Cooke, "Form is a Function X," *AD.*, 5-6/1983, p. 41.

17) Ali Rahim, *op. cit.*, p. 7.

2.3. 부드러운 연결

20세기 후반의 다양한 실험들을 통해 맥락주의(Contextualism)의 통일적 연결과 해체의 이질적 단절은 서로 양극의 대립을 보이며 서로에 대한 부적절성을 보여왔다고 볼 수 있다. 그렉 린이 주장하듯, 이 "변증적인 양자들로부터 탈피할 수 있는 방법으로서, 위상기하학(Topology)과 형태학, 접힘, 급변이론 들을 이용하여 이질적인 시스템 내에 존재하는 차이들을 연속적으로 부드럽게 통합하는 부드러운 변형"[18] 이 1990년대 이래 하나의 대안으로 나타났다고 할 수 있다. 이질적 요소들의 부드러운 혼합은 "자신들의 통합성을 유지하면서 다른 자유로운 요소들의 연속적인 영역 내에서 혼합되는 분리적 요소들로 구성되며, 들뢰즈가 부드러움을 형태의 연속적인 변형과 발전으로 정의했듯이, 부드러움은 차이들의 근절이 아니라 혼합의 유동적 책략을 통해 자유로운 강렬함을 통합하는 것이기 때문이다."[19]

다시 말해, 로버트 벤츄리(Robert Venturi)가 「건축의 복합과 대립」에서 주장하고 해체가 그것의 중심 주제로 삼았던 이질적 차이들의 대립은 이제 그것들을 대립 관계로 빠뜨리거나 맥락주의와 같이 그러한 복합적 관계들을 원천적으로 억압하지 않고, 내적 가변성을 지닌 유연성, 즉 부드러운 연결에 의해 건축을 복합성으로 연루시킬 수 있는 것이다. 그러므로 건축가들은 형태적 충돌을 통해서가 아니라 유연한 연속적 가변성을 지닌 시스템을 다른 것들과 관계를 지니게 함으로써 연속적 통합 속의 불연속성을 개발할 수 있게 된다.

근대 이후 데카르트적 좌표상에서 균질화된 익명성으로 환원된 공간에 독자성을 부여하기 위해, 들뢰즈는 데카르트의 합리주의적 좌표 공간에 반대하여 "바로크의 무한한 변주를 통해 독자성을 만들어내는 주름인, 최

---

18) Greg Lynn, *op. cit.*, p. 8.

19) *Ibid*.

소 단위로서의 단자(monad)"[20] 를 주장한 라이프니츠(Leibniz)를 예로 들며, "접힘은 항상 접힘 속에서 접혀나가며, 미로의 최소 단위는, 선의 한 부분이 아니라 여러 선의 교차점이며, 선의 최극단으로서의 점이 아니라 접힘(주름)"[21] 이라고 주장하고, 이러한 접힘이야말로 독자적으로 연속체를 이룰 수 있는 기본 단위라고 설명하고 있다. 들뢰즈가 「접힘: 라이프니츠와 바로크」(The Fold: Leibniz and the Baroque) 에서 말했듯이, "연속적이지만 차별화된 시스템에 의해 묘사된 부드러운 공간은 프로그램적, 구조적, 미학적, 맥락적 영향에 대응하여 복합적인 변형이 가능한 곡선적 감각으로부터 야기된다."

그러므로 부드러운 혼합은 분리된 이질적 요소들로 구성되며, 이러한 자유로운 긴장들은 그것들에게 연속적으로 미치는 외력에 의해 서로 얽혀들게 됨으로써 맥락적, 문화적, 프로그램적, 구조적, 경제적 우발성과의 예견할 수 없는 연관을 유발하게 되는 것이다. 또한 "이것들을 연관시키는 얽힘이나 힘 어떤 것도 단일의 시스템에서 예견할 수 있는 것이 아니며, 변화에 의한 연관은 국부적 인접성의 개발과 외적인 힘에 대한 그들의 연합을 통해 정체성을 발전시키므로 이러한 변화적 혼합물은 점성을 통해 응집력을 이루게 된다."[22] 그러므로 유연한 형태의 본성은 그것들이 점성을 지니면서 가변성이 있다는 것이며, 그것들의 표면에 접착되는 사물들은 그것들의 내부에서 통합이 되는 것이다.

부드러운 형태를 디자인하는 건축가들은 이제 과거에 고유의 맥락적 갈등으로부터 복합과 대립이 생기던 곳에서 특정한 위치와 재료, 프로그램들을 자신들의 개별적 독창성과 이질성을 유지하며 건축 속으로 부드럽게 접

---

20) 물리학에서의 원자와 유사한 모나드는 원자와 달리 모든 것이 내면화되어 있고, 외부의 다른 요소들과의 차이에 의해 자신의 정체성을 얻는 것이 아니라, 최초의 동일한 패턴을 굴곡지우는 무한한 변주를 만듦으로써 독자성을 얻는다. 김희옥, "접기", 「이상건축」,1999년 7월호, pp. 132–133 참조.

21) Gilles Deleuze, *The Fold: Leibniz and the Baroque*, Univ. of Minnesota Press, 1993, p. 6.

22) *Ibid.*, p. 9.

어넣고 있다. 여기서 부드러움의 방식은 불연속적 요소들의 절대적 응집이 아니라 자유로운 요소들 사이의 잠정적, 집중적, 국부적 연결의 시스템을 가정하게 된다.

2.4. 위상기하학적 변형

임의의 부드러운 변형과 연결을 위해 이용될 수 있는 것은 도형의 위상변환[23] 인 동시에 변하지 않는 성질, 그리고 연속성에 관한 성질을 다루는 위상기하학적(topological) 변형의 방식이다. 이것은 유기체의 부드러운 변형을 다루는 데에 사용될 수 있는 것으로, 우리는 여기서 그리드의 유연한 굽힘을 사용하여 임의의 변형에 대한 최초의 기하학적 서술을 불연속적인 형대학적 발전의 예로 제시한 다르시 톰슨(D'Arcy Thompson)의 데카르트적 변형(그림 2-8)을 예로 들 수 있을 것이다. 나아가 요한 카스파르 라파테어(Johann Caspar Lavater) 역시 「용모의 단편들」(Physiognomische Fragmente, 1863)에서 "개구리로부터 아폴로까지"의 진화적 변화(그림 2-9)를 나타낸 도판을 통해 "요소들 사이의 서로 다른 변형들을 정적 유형으로 환원시키는 대신, 변형의 연속적이고 차별화된 시스템을 이용하여 그러한 진화적 변화를 보여주기 위해 개구리와 이상적 인간(아폴로) 사이의 특수성과 차이들의 형태적

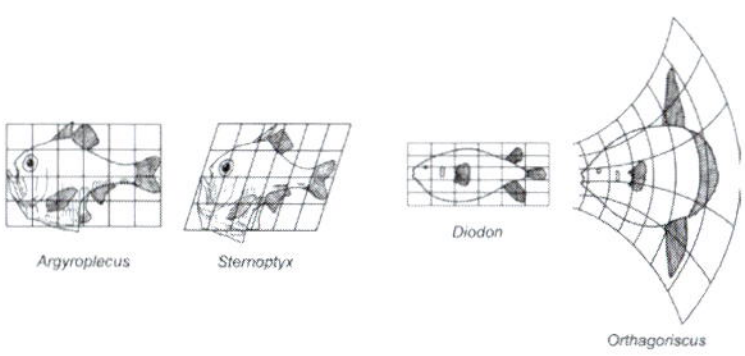

그림2-8. 다르시 톰슨, 형태의 데카르트적 변형

그림2-9. 요한 카스파르 라파테어, 개구리로부터 아폴로까지, 1863

23) 두 개의 집합이 서로 1:1, 또는 연속적인 대응을 이룰 때 위상적으로 상등하며, 이러한 대응을 위상변환이라고 한다. 이에 따르면 가까운 위치에 있는 두 점은 변형한 후에도 역시 가까운 위치에 있게 된다.

배열, 그리고 이러한 차이들을 보여주는 연속적이고 일반적인 얼굴 특성들을 이용"[24] 했다. 이것은 톰슨이 1917년에 개발한, 환경적 힘들에 대응한 자연적 형태의 변형들에 대한 설명과 유사한 방식이었다고 할 수 있다.

톰슨의 다이어그램은 단일 순간에 표현들을 통해 항상 변화하는 공간적 몸체들을 설명하기 위한 유동적이고 역동적인 척도 시스템으로, 그는 특수한 정보들인 외력에 의해 기하학을 더욱 유연하게 만들며, 일반 그리드에 영향을 주고 변형시키는 방식을 사용하고 있다. 예를 들어 톰슨은 그리드의 변형(**그림 2-10**)을 통해 물고기 눈의 확대를 보여주는데, 이것은 "치수의

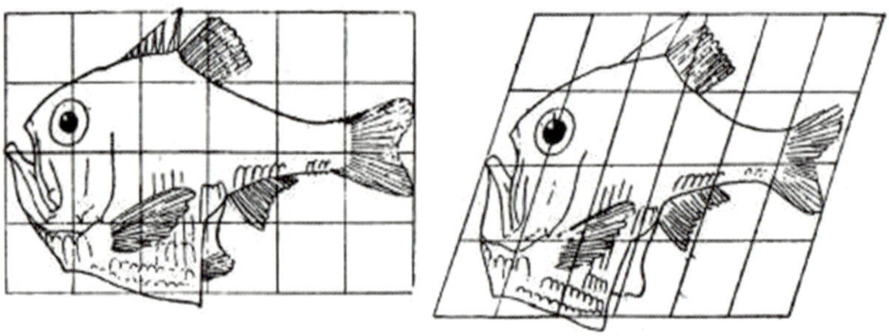

그림2-10. 다르시 톰슨, 그리드의 변형

변이가 그 특수한 종들에 영향을 주는 조도와 물의 심도에 대한 지침으로 됨을 의미하며, 이것으로부터(**유기체의**) 공간적 조직이나 유형은 더 이상 외력들과 무관한 정태적 전체가 아니라 외부 사건들의 내부화를 통해 연속적으로 변형을 한다"[25] 고 볼 수 있을 것이다. 여기서 톰슨의 시스템은 동적이며 부정확하고 부드러운 만큼, 기하학적 연관 관계의 동적이고 유동적인 세트에 의존하며, 그의 유연한 기하학은 외력에 의한 굽힘과 그러한 힘들을 내적으로 접는 것 모두를 가능하게 하는 장치로 사용된다. 여기서 기하

24) Jurgis Baltrusaitis, *Aberrations: An Essay on the Legend of Forms*, trans. Richard Miller, MIT Press, 1989, p. 1–57, Greg Lynn, "Multiplicitous and Inorganic Bodies," *Assemblage* 19, 1992, p. 35 재인용.

25) *Ibid.*

학은 더 이상 불변의 단일 특성을 보여주는 정적 척도가 아니라 들뢰즈와 가타리(Félix Guattari) 가 말한 "서로 다른 변형과 변태가 일어나는 연속적 평면"으로 된다.

위상기하학은 그렉 린이 주장하듯, "자신들의 형태를 쉽게 변형시키는 연속적 변형을 하기 쉬운 표면적 구조, 즉 초곡면(hyperspace)을 가장 흥미로운 기하학적 특성으로 생각한다"[26] 는 점에서 부드러운 유동적 건축을 디자인하는 건축가들이 위상기하학을 이용하게 되며, 여기서 가정되는 것은 붕괴가 없이 변형될 수 있는 이상적 변형 가능성의 추상적 재료이다. 그리고 이러한 연속적 변형의 표면들을 만들어내기 위해 많은 건축가들은 르네 톰의 '급변 이론'과 들뢰즈가 주장하듯, 주름진 연속적 표면의 공간을 만들어내는 '접힘'의 수법들을 사용한다.

2.5. 접힘과 급변 이론

부드러운 유동적 건축은 자연 형태들의 진화를 설명하기 위한 하나의 방식으로서, 시간에 대한 공간에 있어서의 힘들의 행태를 설명하는 '급변 이론'을 이론적 도구로 사용하며, 그것의 건축적 실습으로서 '접힘'(그림 2-11)의 수법을 사용한다. 원래 위상기하학 이론으로 출발한 르네 톰의 급변이론은

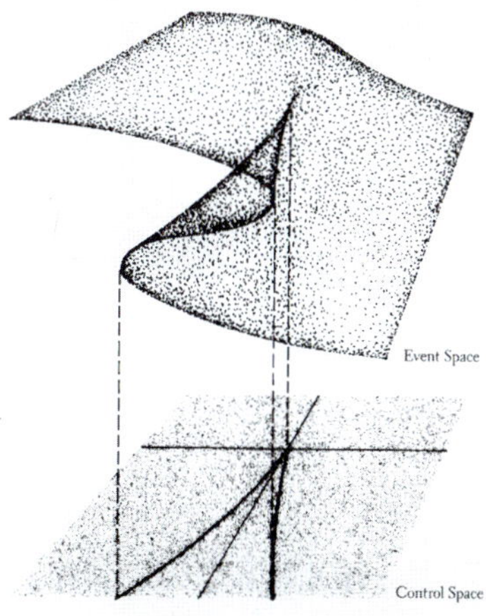

그림2-11. 급변의 사건 공간과 첨점으로 나타나는 제어 공간

26) Greg Lynn, "Architectural Curvilinearity," p. 13.

실제로 배의 전복과정, 태생학, 그리고 태도의 결정 단계를 설명하는 심리학에서의 투쟁/도피(fight-flight) 이론 같은 실생활의 현상들에로까지 확장되고 있는데, 이것은 샌포드 퀸터가 설명하듯, "실제 공간 내에서의 실제 힘들의 행태가 위상학적, 매개변수적인 복합 공간에서 모델화된 힘들과 정확히 동일한 법칙을 따르기 때문이다"[27]

급변 이론은 모든 사건이나 형태가 그 내부에 힘들의 다중성을 내포하며, 하나가 아니라 많은 다른 원인들의 결과라는 것을 말해주며, 또한 몇 개의 투쟁적 힘들이 역동적으로 상호 작용하는 것만 허용된다면, 전적으로 불규칙하고 불연속적인 행태를 결과한다는 것을 보여준다.[28] 그러므로 이것은 외부로부터 자연, 유기체, 공간, 혹은 표면 같은 역동적 시스템에 적용되는 힘들의 효과, 그리고 그것이 중성화하고 흡수하거나 용해하기 위한 시스템 내에서 작동하는 힘들의 효과에 대해 흥미를 가지며, 점이 평면을 가로지르는 경로를 따르는 위상공간 내에서 그것이 요동을 하고, 점진적이며, 연속적인 외력(정보)이 갑작스럽고 불연속적인 결과를 만들어내는 급변으로서의 비선형적 영역을 다루게 된다.

그러나 물론 현실에 있어서 이러한 급변이 일어나는 평면(매개변수적 공간)의 영역들은 대개 가능한 공간의 특수한 작은 부분들만을 점유하므로 이것들은 '급변 세트'(catastrophe set, 그림 2-12) 라고 불리는 정형적이고 아름다운

---

27) René Thom, *Structural Stability and Morphogenesis*, chapter 9-11, Sanford Kwinter, "Landscapes of Change: Boccioni's *Stati d'animo* as a General Theory of Models," *Ibid*., pp. 59-60 재인용.

28) 이것은 누군가가 하나의 평면 위에서 이 힘들을 한 점에서 교차하도록 계획한다면 각각의 힘들은 그 점이 어떤 방향으로 이동되듯, 동등하지 않게 영향을 받을 것이라는 것을 의미한다. 여기서 이 힘들 중 하나에서 만들어진 초기적 차이의 효과들은 반대 힘 내에서의 균형잡힌 증가를 위해 단순히 보강되거나 혹은 흡수될 수도 있다. 그러나 첫 번째 힘 내에서의 작은 한 방울이 첫 번째 힘에 의해 입은 감소보다 훨씬 더 큰 정도로 두 번째 힘을 감소시킬 세 번째 힘 내의 증가를 야기할 수 있는 상황이 벌어질 수도 있다. 이것은 그러면 순식간에 두 번째 힘을 완전히 압도할 수 있는 첫째와 셋째 힘들 사이의 피드백 사이클을 설정할 것이다. 이 경우에 두 번째 힘은 실제적으로 그 자신의 초기 강도에 의해 파괴될 운명으로 되었다고 말할 수 있다. 그것이 최초에 약했다면 완전히 다른 상황-결국 지배하도록 허용될 수도 있는 상황-으로 될 수도 있다. *Ibid*., p. 60 참조.

형태로 나타나며,[29] 건축가들은 이것을 대개의 경우 '접힘'으로 표현한다. 연속적 표면의 접힘 건축에서 나타나는 복합성은 그러므로 벤츄리의 복합성이나 해체의 충돌과는 근본적으로 다르며, 톰의 다이어그램[30] 이 보여주듯이, 급변은 개방적 연관 시스템이 가능한 연속적 표면 위에서 분리된 불연속적 힘을 전개시킨다. 이러한 기하학들은 압력 하에서 점성으로 구부려지고 안정되므로, 해체에서와 같이 투쟁적 갈등을 기대하는 곳에서 건축가들은 역동적 안정성의 새로운 형태들을 발견하는 것이다.

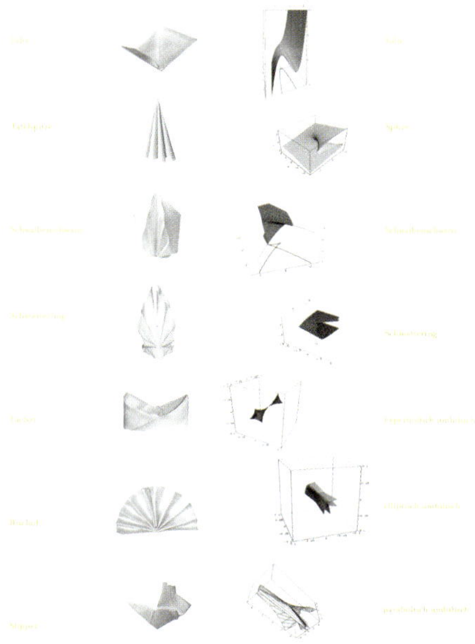
그림2-12. 르네 톰, 급변 세트

그러므로 많은 건축가들은 다양한 외력과 요소들을 연속된 형태로 통합하기 위해, 그리고 들뢰즈의 주름(le pli)을 표현하기 위해 단순히 접힘이라는 형태적 조작을 하게 된다.

---

29) 첨단의 급변 세트는 역동적 시스템에 속하지만, 단지 상부의 사건 표면 위의 급변으로 펼쳐지는 더 높은 차원의 "사건-형태"의 2차원적 투사일 뿐이다. 여기서 급변은 실제로 2차원적 표면 위의 3차원적 침입에 해당한다. *Ibid*., p. 61 참조.

30) 톰의 다이어그램은 급변적 사건들을 묘사하기 위해 개발되었는데, 단순한 그래프와 같이 이것은 그리드 평면의 교차하는 두축을 가로지르는 x와 y의 힘들을 전한다. 하나의 통일된 평면은 모든 두 개의 x와 y의 조정 사이에서 단일의 상호 교차점을 위한 잠재력을 제공한다. 위상기하학적 표면이 그 자체의 위와 내부로 접히듯이, z차원에서는 어떤 순간에도 다중의 상호교차가 가능한 점들이 가능하다. 톰의 다이어그램이 지니는 유연한 위상학적 표면은 다중적 차원 속에서 겹쳐질 수 있는데, 이러한 겹침이나 점 속에서 근접성의 영역이 포함된다. 그러므로 급변적 사건들에는 급변이 발생하는 단일의 고정점이 존재한다기 보다는 이러한 점들로 나타나는 잠재적 사건들의 영역이 존재한다고 할 수 있다. *Ibid*. 참조.

지각의 접힘이 서서히 구부러지거나 압축되는 퇴적물들에 의해 층을 이루며 침전이 되고, 이러한 층들이 외력에 의해서도 각각의 독립된 이질적 퇴적물들의 연속적 층으로 압축되듯이, 주름들을 이루며 연속적으로 접혀 나가는 건축물의 표면은 각각의 독자성을 유지하며 연속적 전체로 통합을 하게 된다. 그리고 이러한 접힘에 의해 표현된 위상기하학이 연속적 공간 속에서 분리된 요소들의 구성을 위한 유동적 시스템을 표현한다고 할 수 있다. 그러므로 1990년대에 새롭게 등장한 제프리 킵니스(Jeffrey Kipnis)와 필

그림2-13. 제프리 킵니스, 필립 존슨, 브라이 인터벤션(Briey Intervention)

그림2-14. 피터 아이젠만, 에모리 대학 예술센터, 1993

그림2-15. 바람 셔들, 나라 컨벤션 센터

그림2-16. 헨리 콥, First Interstate Bank Tower

립 존슨(Philip Johnson)의 브라이 인터벤션(Briey Intervention, 그림 2-13)부터 피터 아이젠만의 일련의 작품들(그림 2-14), 바람 셔들(Bahram Shirdel)의 나라 컨벤션 센터(그림 2-15) 같은 건물들은 르네 톰의 급변 다이어그램을 표현하기 위해 접힘이라는 형태적 기법을 사용한 것들이라고 할 수 있다.

물론 이러한 최근의 접힘 실험 이전에 이미 거대한 동질적 볼륨들을 비물질화시키고 차별화하기 위해 접힘의 수법을 사용한 예들도 있다. 거대한 유리 표면을 연속적으로 접어나가 유리면과 철제 프레임을 연속적으로 접힌 면 속으로 통합 함으로써 주변 환경의 반사를 통해 접혀진 반사의 표면 속에서 그 자체를 둘러싸 특정한 불연속적 위치에 자리하게 되며, 주변의 맥락 속으로 사라지게 되는 헨리 콥(Henry Cobb)의 퍼스트 인터스테이트 은행 타워(그림 2-16) 등은 접힘을 통해 건물과 주변 환경과의 모호한 연속을 시도한 경우들이다.

나아가 벤 반 베어켈(그림 2-17)이나 라스 스파우브룩(그림 2-18, 19, 20, 21), 카스 오스터하우스(그림 2-22, 23, 24, 25, 26), 스티븐 페렐라(그림2-27), 혹은 렘 콜하스 같은 최근의 네덜란드를 중심으로 하는 건축가들은 급변의 접힘을 좀 더 유연하게 만곡의 형상으로 표현함으로써 더욱 유기적인 연속성을 강조하고, 뫼비우스의 띠나 클라인 병의 형상에서 나타나는 위상변환의 곡면들을 실험하고 있다. 결국 이들의 작품들에서 나타나듯, 부정확한 형태와 위상기하학적으로 표현되는 유연성의 형태적 특성은 급변이 일어나는 특별한 우연에 대응하여 더욱 점성을 지니며, 유동하게 될 것이다. 그리고 이것은 비선형적 과정을

그림2-17. 벤 반 베어켈, 베니스 대학 건축동

생산하는 프로그램의 개발에 의해 더욱 유연한 연결을 가지게 될 것이라고 말할 수 있을 것이다.

그림2-18. 라스 스파우브룩, 노르딕 비치 호텔 전경

그림2-19. 라스 스파우브룩, 노르딕 비치 호텔 입면 전개과정

그림2-20. 라스 스파우브룩, 노르딕 비치 호텔 실내

그림2-21. 라스 스파우브룩, V2 Lab 파사드

그림2-22. 카스 오스터하우스, 트랜스포트 2001

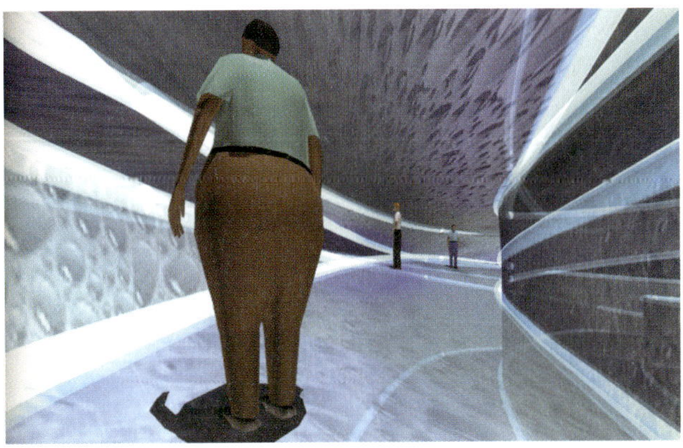

그림2-23. 카스 오스터하우스, Floriade NH 파빌리온

그림2-24. 카스 오스터하우스, 서울 인터랙티브 구조 디지털 파빌리온, 2007

그림2-25. 카스 오스터하우스, 난징 웨딩 채플, 2007

그림2-26. 카스 오스터하우스, 부다페스트 CET, 2007

그림2-27. 스티븐 페렐라, 뫼비우스 주택 연구, 1998

3. 제2기계시대의 기술과 건축

3.1. 제1기계시대와 제2기계시대

근대 이후의 건축 디자인은 과학과 기술의 발전과 평행하게 발전되었으며, 디자인의 모티브 자체가 과학과 기술로부터 지대한 영향을 받았다고 할 수 있다. 현대의 건축 디자인들 역시 다양한 과학 이론과 기술의 이미지들이 중요한 주제로 되고 있다. 이것은 기계의 발명이 결정적 패러다임으로 되었던 근대뿐 아니라 현대 역시 '기계시대'의 연속[1] 속에서 그것의 특징들로 이루어지며, 건축을 비롯한 다양한 영역의 디자인이 이러한 '기계시대'[2] 의 특징들로부터 자유로울 수 없음을 의미한다.

---

1) 레이너 밴험 역시 "...우리는 여전히 첫 번째의 시대로부터 남겨진 개념과 미학들을 따라 타성을 지속시킨다... 하나의 기계시대는 세계가 지금까지 알아온 어느 다른 시대보다도 또 다른 기계시대와 더욱 같기 때문이다. 1912년경에 일어난 문화적 혁명은 대체되었지만 역전되지는 않았다"라고 주장한다. Reyner Banham, *Theory and Design in the First Machine Age*, 1960, 윤재희 지연순 역, 「제1기계시대의 이론과 디자인」, 세진사, 1987, p.16. 나아가 마틴 폴리는 "근대생활의 모든 중요한 요소들은...19세기의 발명품들이다. 전자공학을 제외하고 우리 자신의 세기는 단지 발전적 기여를 했을 뿐이다, 그리고 우리의 발전과정은 매우 느리다"라고 주장하기까지 한다. Martin Pawley, '*PS*', RIBA Journal, 1991,4월호, p.97.

2) 기계시대는 사회에 대한 과학기술의 영향력을 표현하는 과정에서 일반화된 개념으로, 1927년 The New York Times에서 사용하기 시작했다. 이승휘, 「제1기계시대와 제2기계시대 비교를 통한 건축 원리 및 과학기술의 의미에 관한 연구」, 한양대 석론, 1990, p.8.

레이너 밴험(Reyner Banham)은 이러한 기계시대를 20세기 초부터 1950년대 초까지의 자동차와 육중한 동력원을 중심으로 했던 제1기계시대와 1950년대 중반부터 현재까지의 전자공학과 합성화학의 발전으로 모든 기술이 소형화, 가정화를 이루고, 일상화의 새로운 단계로 접어든 제2기계시대의 두 가지 단계로 구분한다. 또한 이러한 기계시대의 첨단 예술가들로서의 아방가르드들은 그 속성상 첨단의 과학 이론들을 자신들의 디자인에서 중심 주제로 선택하고, 그것으로부터 디자인을 전개한다. 그러나 기계시대의 다양한 디자인들이 새로운 과학과 기술로부터 많은 이론적, 실제적 지식들을 차용했을지라도, 산텔리아(Antonio Sant'Elia)의 기계적 디자인(그림 3-1)이나 구성주의 건축가들의 기계적 디자인들(그림 3-2), 혹은 바우하우스의 기능적 디자인(그림 3-3)이나 르 꼬르뷔제의 '건축은 살기 위한 기계이다'라는 주장의 함축적 의미에 이르기까지, 대부분의 근대 건축 디자인들은 실제로 기술과 과학이론을 이해하고 그것을 실질적 수준으로 적용했다기 보다는 이러한 과학과 기술의 상징적 이미지들을 형태적으로 표현했다고 볼 수 있다.

그림3-1. 안토니오 산텔리아, 중앙발전소 계획, 1914

그림3-2. 심비르초프, 절벽에 매달린 식당, 1912

그림3-3. 발터 그로피우스, 데사우 바우하우스 교사, 1926

제1기계시대란 레이너 밴험이 그의「제1기계시대의 이론과 디자인」(Theory and Design in the First Machine Age, 1960)에서 처음 사용한 용어로서, "고도로 발전된 대량생산 방식이 전자기구와 합성 화학제품을 대부분의 사회에 광범위하게 보급시킨"[3] 제2기계시대에 대비되어, "조명과 난방용 석탄 개스의 이용과 함께 나타나... 간선으로부터 전기 동력을 끌어내고, 기계를 인간 스케일로 환원시키는 것"[4] 으로 특징지어지는 기계시대를 의미한다. 여기서 밴험 자신은 정확한 시기를 밝히지 않고 있지만, 제1기계시대의 기간을 대략적으로 19세기의 마지막 10년간부터 2차 세계대전 발발 전의 1930년대 후반까지로 설정하고, 그 시기의 건축 이론과 디자인들에 대해 분석을 하고 있다. 그러나 근대 건축운동의 진정한 시작이 20세기 초부터 이루어지고, 또한 2차 세계대전부터 1950년대 중반까지 건축은 물론 일반 산업 사회에서도 특별한 발전이 이루어지지 않았다고 볼 때 제1기계시대의 시기를 20세기 초부터 1950년대 중반까지로 보는 관점도 가능할 것이다.

한편 밴험 자신이 이 글을 쓸 당시인 1950년대 후반부터 1960년대 당시를 이미 제2기계시대가 도래하였다고 보았으므로, 그가 예로 든 제2기계시대의 상징은 당시의 가장 첨단의 일상적 매체이며, "대중오락을 제공하는 매스커뮤니케이션의 한 수단으로서의 TV"[5] 였지만, 현재의 관점에서 볼 때 그것은 나아가 "제어 메커니즘에서의 최근의 혁명과 함께 시작된 것으로서, 컴퓨터의 감독하에 이루어지는 자동화 생산 시스템의 잠재력에 대한 언급"[6]을 의미한다고 볼 수도 있을 것이다.

밴험의 관점에서 볼 때 제1기계시대의 개념은 "목적과 새로운 재료들에

---

3) Reyner Banham, *op. cit.*, p. 9.

4) 이것은 그러므로 현대의 지점에서 생성되는 분리된 출처의 전력 공급과 반대되는 국가적 그리드의 동력 체계와 자동차, 비행기, 진공 청소기, 타이프라이터 같이 가정적, 수동적으로 조작되는 기계들이 도입되는 단계를 의미한다. *Ibid.*, p. 8 참조.

5) *Ibid.*, p. 9.

6) Martin Pawley, *Theory and Design in the Second Machine Age*, Basil Blackwell, 1990, p. 1.

의 부합에 대한 19세기의 수공예 운동 이론으로부터 발전"[7] 되었으므로 그것의 상징은 엘리트들에 의해 지배되는 사회였다고 볼 수 있다. 마찬가지로 대중들이 향유할 수 있었던 유일한 수단인 영화를 제외하고, 그 시대의 상징적 기계였던 자동차 역시 엘리트들에 의해서만 소유되었으므로, 새로운 힘을 상징하는 자동차는 "당시의 대부분의 엘리트들이 기계의 힘에 크게 의존했음에도 불구하고 그 힘을 제어하는 개인적 경험을 거의 갖지 못했다는 점에서 새로운 유형의 힘에 대한 분별없는 기호의 대상"[8] 이었다고 보아야 할 것이다. 그러므로 이러한 사실로부터 제1기계시대(그림 3-4)에 있어서의 기계에 대한 선호(그림 3-5, 6)와 기계미학은 기술과 기계에 대한 진정한 이해라기보다는 그것의 특별한 유형에 대한 피상적 선호로부터 나온 것이라는 관점이 성립될 수 있을 것이다.

그림3-4. 제1기계시대

그림3-5. 제1기계시대의 기계들

그림3-6. 제1기계시대의 다양한 기계들

레이너 밴험이 주장한 제2기계시대는 그 용어의 사용 시점으로 미루어 볼 때 1950년대 중반 이후부터를 가리킨다. 그리고 밴험이 제2기계시대의

7) *Ibid*.

8) Reyner Banham, *op.cit*.

특징을 나타내는 건축들에 대한 찬양과 비평을 왕성하게 발표하던 시기 역시 1950년대 말부터 1960년대 말까지로, 1950년대와 60년대의 상황은 제2기계시대의 출발점이자 밴험이 주장하는 제2기계시대 건축의 대부분의 윤곽이 완성된 중요한 시기라고 볼 수 있다. 이 시기는 특히 과학 이론과 기술이 특정 전문 부류만의 이해에서 벗어나 일반 대중의 영역으로 폭넓게 확산된 시기로, 무엇보다도 팝문화의 등장과 함께 SF라는 영역이 대중매체 등을 통해 크게 유행한 시기였으며, 그러므로 건축 디자인 역시 이러한 SF의 영향을 가장 크게 받았던 시기이기도 하다.

현대의 제2기계시대 역시 제1기계시대와 비교해 과학 이론과 기술의 사용이 대중적으로 일반화되었으며, 과학의 비약적 발전으로 인해 제1기계시대에서 실현되지 못했던 많은 과학적, 기술적 이상들이 현실화되고 있지만, 실제적으로 디자인의 영역에서는 디자이너의 예술지향적 속성으로 인해 아직까지도 많은 부분이 순수 과학의 발전을 따라가지 못하며, 과학이론의 실제적 적용보다는 막연한 과학 이미지의 표현 수준에 머무는 것이 사실이다. 특히 1950년대와 60년대의 건축 디자인은 당시 유행했던 팝 문화(Pop culture)[9] 와 SF의 영향으로 인해 실제 과학의 능동적 사용 대신 SF적인 미래적 이미지의 디자인이 주를 이루었다는 점에서 과학 이미지의 형태적, 상징적 표현이 디자인의 주제였다고 볼 수 있을 것이다.

3.2. 제2기계시대의 역사적 배경

제2기계시대는 레이너 밴험이 1950년대 후반부터 사용한 용어로, 그의 저서 「제1기계시대의 이론과 디자인」에서 제1기계시대와 대비시키기 위해 처음 사용했다. 실제로 이 두 기계시대는 양적인 것 이상으로 사회와 문화

9) 팝(Pop)은 특정한 역사적 운동으로서의 '팝아트'와의 관련 속에서 이미 고유명사화 하였기 때문에 '대중'이라는 용어와는 구별하여 그대로 사용하기로 한다.

전반에서 급격한 질적 차이를 가진다. 제1기계시대가 보편화되지 않은 커뮤니케이션 수단으로 인해 중상류 계층 이상의 가정만이 혁신적 모더니티의 기술을 경험하고, 당시의 새로운 기술에 의해 거의 변화되지 못했던 대중에게 오로지 영화만이 직접적인 과학적, 기술적 산물로서의 접촉대상이었다면, 제2기계시대는 대중적 오락을 제공하는 대중매체의 수단으로 TV의 보급과 함께 모든 대중의 가정에서 새로운 기술을 쉽게 접하게 되는 시대로 되었다고 볼 수 있을 것이다.

밴험이 간파했듯, 제2기계시대의 기술은 대량 생산뿐 아니라 가정화와 소형화(그림 3-7)를 통해 대중들에게 이미 '자연화'되어, 제1기계시대의 대표적 엘리트 계층이던 마리네티(T. Marinetti)에게 기술이 '길들여지지 않은 야수와 같이 시험적인 것'으로 되었던 것과 달리, 충실하고 종속적인 것이 되어 대중이 폭넓게 소비할 수 있게 되었음을 의미한다.[10] 이것은 그러므로 "제1기계시대가 단순히 기술의 영향에 의해 특징지어졌던 것에 반해, 제2기계

그림3-7. 제2기계시대의 소형화한 가전제품

그림3-8. 앙데팡당 그룹

10) 밴험은 제2기계시대의 많은 사람들이 손쉽게 스프레이식 면도기와 합성세제를 사용하고, 일회용 면도칼을 사용하고, 트랜지스터 라디오를 사용하는 것으로 기술의 대중화를 설명한다. *Ibid*. pp. 7–8.

시대는 과학과 기술의 변형 양상으로 대중에게 넓은 영향을 주었음" [11]을 의미한다. 결과적으로 밴험이 그의 글에서 수많은 가정용 기계들과 대중화된 자동차[12] 를 강조했듯이,[13] 밴험에게서 제2기계시대의 가장 큰 특징은 '기술의 일상화와 대중화'라는 것으로 요약될 수 있을 것이다. 이것은 밴험이 당시 속해있던 앙데팡당 그룹(Independent Group, 그림 3-8)의 로렌스 앨로웨이(Lawrence Alloway)와 존 맥헤일(John McHale) 역시 "통치자와 부자들을 위한 시대보다는 보통 사람들의 시대로 되고 있는 전후시대—밴험의 제2기계시대—를 강조하고, 이것이 기술적 평균의 증가적 확산에 의한 기술의 일상화로 탄생된 것"[14] 으로 보았다는 사실로도 알 수 있다.

제2기계시대는 그러나 밴험의 관점에서는 제1기계시대로부터 완전히 단절된 것으로 나타나지는 않는다. 그의 관점에 의하면 제1기계시대의 대표적 운동인 미래파는 당시에 오히려 제2기계시대에 어울리는 선구자적 감성들을 보여주었기 때문이다. 그는 보치오니가 쓴 제1기계시대의 선언들, 즉 "전축(그림 3-9), 영화(그림 3-10), 전기 광고, 기계적 건축(그림 3-11, 12), 마천루(그림 3-13)...속도, 자동차(그림 3-14), 비행기(그림 3-15)" 등이 제2기계시대의 "하이파이, 스테레오, 시네마스코프(그림 3-16), 폴

그림3-9. 제1기계시대의 전축

11) Nigel Whiteley, *Reyner Banham:Historian of the Immediate Future*, The MIT Press, 2001, p. 143.

12) 밴험에게 미국의 자동차는 현대 기계문명이 낳은 대량생산의 상징으로, 일반 대중들이 모듈화된 부품들을 쉽게 소비하고 호환할 수 있는 가능성은 제2기계시대의 특성으로 나타난다. 임석재, 「생산성과 시지각」, 시공사, 2000, pp. 246-247 참조.

13) 밴험은 「제1기계시대의 이론과 디자인」 서문에서 면도기와 헤어드라이어, 라디오, 전화, 전축, 테이프 레코더, TV, 믹서, 그라인더, 자동조리기, 세탁기, 냉장고, 진공청소기, 광택기... 등의 가정용 기계들을 열거할 뿐 아니라, 자신의 수많은 아티클들에서 다양한 자동차들에 대해 소개한다.

14) Nigel Whiteley, *op. cit.*, p. 145.

그림3-10. 제1기계시대 촬영기기

그림3-11. 제1기계시대의 기계적 건축

그림3-12. 제1기계시대의 기계적 건축

그림3-13. 제1기계시대 마천루

그림3-14. 제1기계시대 자동차

그림3-15. 제1기계시대 비행기

그림3-16. 제2기계시대 시네마스코프

그림3-17. 폴라로이드

라로이드(그림 3-17)…"[15] 등과 평행을 이룸을 지적하며, "미래파들은 기계화된 문화가 그것을 향유하는 자들을 위해 해줄 수 있는 것을 보았다는 점에서 20세기 현대적 감각의 진정한 발언자이고… 기계가 개인적 완성과 만족의 근원으로 될 수 있다는 마리네티의 발견과 같이 제2기계시대의 기술적 태도에 대한 지침서"[16] 라고 주장한다. 나아가 산텔리아의 작품에서도 역시 "그가 기계화된 도시에서 개인이 순환되거나 소멸되어야 한다는 사실의 인식에서 전체 디자인을 했다는 점에서 현대적 적절성을 지니며, 미래파가 제2기계시대의 시작인 50년대의 기술적 도시를 예견한 듯이 보인다"[17] 고 주장한다.

밴험의 관점에서 제2기계시대는 그러므로 미래파의 기술 인식과 같이 기술에 의해 가능하게 되는 첨단의 일상 생활을 손쉽게 향유하며, 대중이 일상적으로 과학과 기술을 인식하게 되는 시대를 의미할 뿐 아니라, 당시 밴험이 이 용어를 생각해낸 시기이자, 그와 앙데팡당 그룹이 새롭게 관심을 가지도록 만든 50-60년대의 변화된 대중문화[18] 의 시대를 특히 의미한다고도 볼 수 있을 것이다.

3.3. 1950년대 '다름'의 건축

밴험이 제2기계시대의 출발점으로 보았던 1950-60년대는 서구에서 제1기계시대의 대표적 건축양식이던 모더니즘이 다방면에서 도전을 받고, 비판과 수정의 움직임이 있었던 시기이다. 이 시기는 국제주의 양식과 기능

15) Reyner Banham, "Futurism for Keeps", *Arts*, 1960, pp. 37–39.

16) Nigel Whiteley, *op. cit.*, pp. 146–147.

17) Reyner Banham, "Sant'Elia", *Architectural Review*, 1955, 5, p.301; *Design by Choice*, Academy Editions, 1981, pp. 23–28.

18) 50년대 중반부터는 전후 젊은이들의 문화가 이전에 비해 혁명적으로 바뀐 시대이기도 하다. 50년대의 로스트 제네레이션(Lost Generation)과 비트 제네레이션(Beat Generation), 60년대의 플라워 제네레이션(Flower Generation) 등은 이것을 상징한다.

주의 건축으로 대표되던 CIAM이 붕괴되는 시기이자 새로운 운동들이 탄생하는 시기이기도 하다. 이것은 또한 건축적 전문 영역 내에서의 미학적 건축 대신 건축 외의 다양한 영역들로부터 새로운 과학적 탐구를 시도하려는 기운이 시작되었던 시기였다고도 할 수 있을 것이다. 르 꼬르뷔제나 그로피우스의 제1기계시대 건축이 비록 새로운 과학과 기술을 주장했을지라도 기본적으로 미학의 범주에 남았던 반면, 50-60년대의 새로운 실험 그룹들은 다양한 영역의 관심들, 즉 환경, 생물학, 생태학, 심리학 등으로부터 공상과학에 이르기까지의 관심들로부터 나아가 건축의 영역을 벗어난 비건축으로까지 발전되었기 때문이다.

1950년대의 반모더니즘적 기류는 그러나 "모더니즘 건축에 대한 명백한 반대로 시작된 건축운동들이 모더니즘 재해석의 내용을 일정 부분 그 배경으로 가질 수밖에 없는"[19] 이중적 상황으로 나타났는데, 그것은 대부분 모더니즘을 일정 부분 수용하는 동시에 그것을 재해석하는 방식으로서, 영국에서 등장한 뉴 브루털리즘(New Brutalism)[20] 이 이것의 대표적 운동이라 할

그림3-18. 뉴브루털리즘, 폴 루돌프, 예일대 예술동

그림3-19. 피터 스미슨, 알리스 스미슨 부부

19) 임석재, *op. cit.*, p.19.

20) New Brutalism이라는 용어는 스웨덴의 건축가 한스 아스플룬트가 벵트 에드만과 레나르트 홀름의 작품에 대해 1950년대 초에 'Neo-Brutal'이란 말로 최초로 사용했지만 그 의미를 최초로 급진적으로 실현한 것은 영국에서였다. Kenneth Framton, "New Brutalism and the Welfare State: 1949-59", *Modern Dreams: The Rise and Fall and Rise of Pop*, The Clocktower Gallery, 1988, p. 47.

수 있다. 실제로 뉴 브루털리즘(그림 3-18)은 교조적 모더니즘을 비판하는 한편, 당시 "영국에서 유행하던 복고적 네오 조지언 양식을 동시에 비판하며 그 대안으로 시도된 운동"[21] 으로, 스미슨(Peter & Alison Smithson)부부(그림 3-19)를 중심으로 밴험 등을 포함하는 앙데팡당 그룹의 관심사와 동일한 노선을 추구했기 때문이다.

기존의 모더니즘 건축과는 다른, 기술적인 '다름의 건축'(architecture autre)을 추구했던 밴험으로서는 제2기계시대의 정신을 예견했다고 믿었던 "미래파의 정신이 어느 정도 뉴 브루털리즘에서 구현되었다"[22] 고 생각했는데, 그것은 뉴 브루털리즘이 교조적 모더니즘과는 달리 비정형의 형태와 대중적인 거친 재료를 사용하면서도 '일상성'[23] 으로서의 기술을 강조했기 때문이라고 볼 수 있다. 이 운동과 제1기계시대 건축가들의 1950년대 당시의 작품들의 차이는 비록 르 꼬르뷔제가 초기의 국제주의적 양상과는 달리 원초적인 '아르 브뤼'(art brut, 그림 3-20)의 거친 면을 보여주었을지라도 그것은 "농부 경제의 기술-이전적 질서"[24] 였으며, 미스 반 데어 로에 역시 "건축가의 순수한 전통적 덕목"[25] 으로 구축 공예의 장인정신을 보여주었다는 것에서 드러난다.

그림3-20. 르 꼬르뷔제, 라 투레트 수도원의 거친 표면

21) *Ibid*., p. 46.

22) Nigel Whiteley, *op. cit*., p. 148.

23) 여기서 뉴 브루털리즘이 추구하는 일상성은 밴험이 후에 관심을 갖게 되는 팝아트 건축과 어느 정도 공통점을 공유하나, 팝건축이 일상성을 현실 그자체로 받아들이는 반모더니즘적 가치를 보여주는 반면, 뉴 브루털리즘은 일상성을 모더니즘의 생산개념 속에서 기존의 건축적 개념으로 해석한다는 차이를 지닌다. 임석재, *op. cit*., pp. 99-100.

24) Reyner Banham, "Le Corbusier", *New Society*, 1967년 9월14일자, p.355, Nigel Whiteley, *op. cit*., 재인용.

25) Reyner Banham, "The Last Professional", *New Society*, 1969년 12월 18일자, p. 987, *Ibid*. 재인용.

물론 밴험은 1960년대 초에 미스의 작품이 "하나의 특별한 타협적 해결로부터 궁극적 목표가 없이 또 다른 것으로 발전하며…대량생산의 기술과 연구에 의해서만 가능한 것으로, 지난번의 결과를 계속해서 수정해 목표를 정하는"[26] 노선이므로 제2기계시대의 실용주의적, 반이상주의적 성격에 부합된다고 주장했지만, 1950년대까지만 해도 미스를 제1기계시대의 건축가로 분류했음에 틀림이 없다. 당시 밴험의 제2기계시대의 건축에 대한 기준은 무엇보다도 '다름의 건축'이었고, 그것은 기존의 건축적 전통 내에 있는 대신, 건축 외의 다른 영역들로부터 새로운 규범들을 취하는 것이었기 때문이다. 그런 의미에서 1950년대의 밴험적 의미의 제2기계시대 건축은 무엇보다도 대중적 기술과 일상생활, SF등의 다양한 범주에서 새로움을 추구했던 뉴 브루털리즘과 마찬가지의 SF적인 '도시의 성장' 등을 주장했던 팀텐(Team X)[27] 등을 들 수 있을 것이다.

3.4. 1960년대 SF/팝문화의 건축

1950년대 후반 밴험이 비록 많은 부분에서 뉴 브루털리즘의 제2기계시대 건축의 제공 가능성에 대한 믿음을 상실했을지라도, 뉴 브루털리즘으로부터 '다름'의 건축을 추구했던 중요한 이유 중의 하나는 특히 그 운동이 당시 대중적으로 유행하기 시작한 SF와 팝문화를 자신의 영역 속으로 끌어들여 주요 모티브로 삼기 시작했기 때문이다. 이것은 뉴 브루털리즘의 창시자인 스미슨 부부가 앙데팡당 그룹의 멤버들과 함께 기계문명의 대중적 확산에 대한 새로운 가능성을 열게된 일련의 전시회, 즉「생활과 예술의 평행」(Parallel of Life and Art, 1953, 그림 3-21),「인간, 기계, 운동」(Man, Machine and

26) Reyner Banham, "On Trial 6, Mies van der Rohe: Almost Nothing is Too Much", *Architectural Review*, 1962년 8월, p.126, *Ibid*., p. 150재인용.

27) 팀텐은 뉴 브루털리즘의 스미슨 부부가 주축이 되어 뉴 브루털리즘과 유사한 노선을 유지했다.

그림3-21. 생활과 예술의 평행 전시, 1953

그림3-22. 인간, 기계, 운동 전시, 1955

그림3-23. 이것이 미래이다 전시, 1956

그림3-24. 이것이 미래이다 전시의 로봇, 로비

그림3-25. 데일리 메일, 이상주택 전시, 1956

그림3-26. 데일리 메일, 이상주택 전시, 1956

Motion, 1955, 그림 3-22), 「이것이 미래이다」(This is Tomorrow, 1956, 그림 3-23, 24), 「데일리 메일 이상주택 전시회」(Daily Mail Ideal Homes Exhibition, 1956, 그림 3-25, 26) 등을 개최한 것을 배경으로 한다.

이 전시회들은 대중 문화 속에서의 기계 문명이 가져다 준 역동성들을 보여준 것으로, 특히 밴험 자신이 제안했던 제목으로 런던 화이트 채플에서

그림3-27. 금단의 혹성, 1956

그림3-28. 스미슨 부부 파티오와 파빌리온

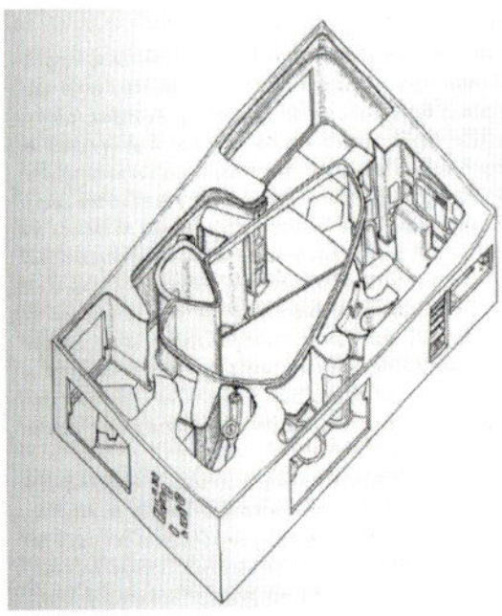

그림3-29. 스미슨 부부, 미래주택, 1956

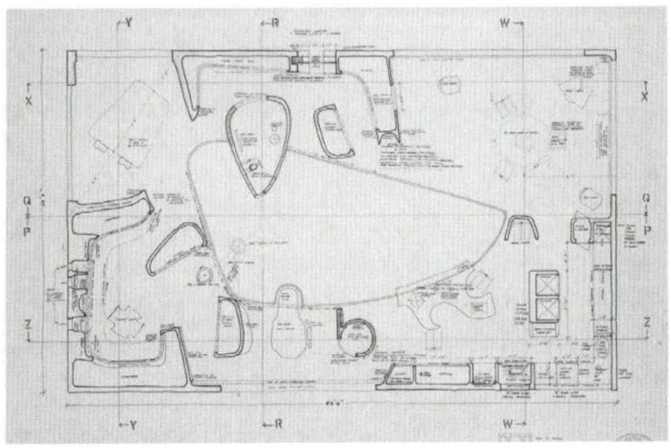

그림3-30. 스미슨 부부, 미래주택 평면

그림3-31. 스미슨 부부, 미래주택 거실, 1956

그림3-32. 스미슨 부부, 미래주택 실내, 1956

그림3-33. 스미슨 부부, 미래주택 실내, 1956

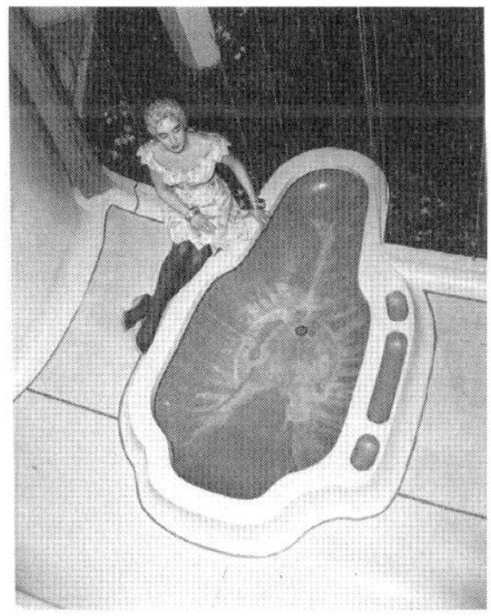

그림3-34. 스미슨 부부, 미래주택, 실내, 1956

열렸던 「이것이 미래이다」전의 주제는 대중 매체와 복합적 기술에 의해 영향받는 새로운 사회의 특징을 보여주기 위해 당시 상영되었던 SF영화 「금단의 혹성」(Forbidden Planet, 1956, 그림 3-27)의 로봇 이미지와 현대의 일상적 오브제들을 병치함으로써 "SF의 기계적 이미지에 의한 미적 경험의 새로운 유형을 제공하고 팝문화를 예술의 영역으로 포함시키려는 시도"[28] 였다고 할 수 있다. 당시 교조적 모더니즘에 대한 반대로 대중적 이미지를 예술의 영역으로 끌어들였던 팝아트의 주요 주제로서 최초로 SF 이미지를 선택한 이 전시회의 주요 구성원들이 건축가들이었으며, 당시 가장 인기를 끈 전시가 스미슨 부부가 디자인한 '파티오와 파빌리온(그림 3-28)'[29] 에서 나타나는 "광적 주택 구조들"[30] 이었다는 사실은 1950년대부터 시작된 SF와 팝문화의 건축에 대한 영향력을 보여준다. 또한 「데일리 메일 이상주택 전시회」에 출품된 스미슨 부부의 '미래주택'(그림 3-29, 30, 31, 32, 33, 34)은 섬유질로 채워진 플래스틱 구조물로, 미래적 일상의 이미지와 같이 모든 것이 첨단 재료의 비정형 형태로 이루어지고 미국 자동차의 유선형 부품과 같이 필요시에 조립을 하는 방식"[31] 으로 제2기계시대의 소비 가능한 형태를 표현한다.

28) Graham Whitham, "This is Tomorrow: Genesis of an Exhibition", *Modern Dreams*, p. 35.
29) 알미늄과 플래스틱으로 이루어진 건축 구조물로, 첨단의 소재 속에 일상성을 표현한 작품이다.
30) Graham Whitham, *op. cit.*, p. 39.
31) 임석재, *op. cit.*, pp. 246–247.

'미래주택'은 비록 특별한 과학적 첨단의 장치들이 부재하더라도, 그것의 소재와 조립 방식은 분명히 당시 유행하던 SF의 영향을 받은 것이라 할 수 있다. 그리고 이것이야말로 새로운 '다름'의 건축을 추구하던 밴험의 가장 큰 관심사였다고도 할 수 있을 것이다. 과학과 기술의 새로운 지식으로부터 가상적 미래사회의 가능한 비전을 제시해주는 SF는 전문 과학 이론과 달리, 대중적 접근 가능성 뿐 아니라 과학적 토대와 함께 그것의 시적, 환상적 비전으로 인해 건축 디자인에서 당대의 미래적 비전의 구축에 강력한 영향력을 미치는 것으로 보였기 때문이다. 또한 밴험의 제2기계시대는 첨단의 과학과 기술을 대중이 공유하는 시대로 요약되는데, 이는 무엇보다도 대중이 쉽게 접하는 SF물들로부터 가능하게 될 수 있었으므로 SF야말로 제2기계시대 건축의 중요한 모티브로 될 수 있는 것이다.

SF는 물론 19세기에 최초로 등장[32] 한 이래 20세기 초부터 대중 잡지들을 통해 소개되었지만, SF의 이미지들이 현대 예술 및 건축에서 보다 직접적으로 표현된 것은 1950년대 초의 전후 문화 속에서 진행되고 있던 급격한 기술적 변화들과 대중 문화의 발전에 기인한다고 볼 수 있을 것이다. 나아가 60년대 초부터 시작된 우주 개발(그림3-35)의 가능성은 인간의 거주지를 지구로부터 우주로까지 확장할 수 있다는 비전을 가져다 주었고, 이로 인해 대중 매체에서의 SF의 유행뿐 아니라 60년대 전반에 걸쳐 많은 대중문화가 SF의 영향을 받는 동시에 건축 역시 SF가 중요한 주제로 되었다고 볼 수 있을 것이다. 실제로 밴험과 스미슨 부부의 영향 아래 60년대부터 십여년간 아키그램을 중심으로하여 많은 SF 이미지의 건축 디자인(그림3-36)이 나왔고, 현대의 다양한 미래적 디자인에 영향을 미치고 있다는 사실은 제2기계시대에 있어서의 SF의 건축 디자인에 대한 영향을 잘 말해준다.

---

32) 로버트 스콜즈와 에릭 랍킨은 최초의 SF소설이 메리 셸리(Mary Shelly)의 「프랑켄슈타인」(1818)이라고 정의한다. Robert Scholes & Eric Rabkin, *Science Fiction: History*, Science, Vision, 김정수, 박오복 역, 「SF의 이해」, 평민사, 1993, pp. 14-15.

그림3-35. 1960년대의 제미니 프로젝트

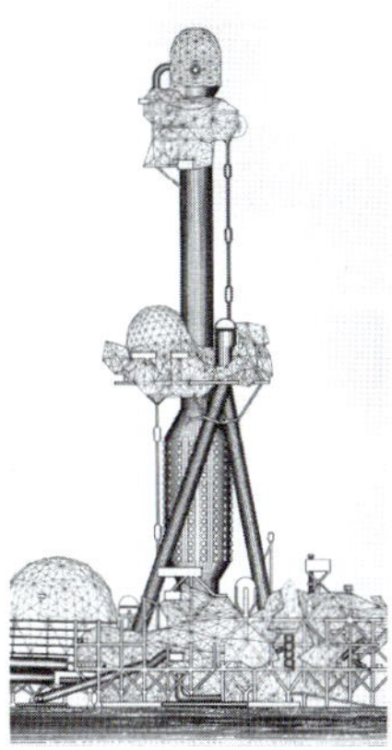

그림3-36. 아키그램, 몬트리올 엑스포 67 타워 1964

3.5. 밴험의 관점에 의한 제2기계시대 건축의 디자인 특성

(1) 실용적 기술의 건축

밴험의 관점에서 제2기계시대 건축의 첫 번째 기술적 특성으로 나타나는 것은 실용적 기술이다. 이것은 제1기계시대의 형태적 기계미학이나 기능성의 상징 등과는 달리, 기존의 가능한 과학기술을 레디메이드식으로 조합하여 건축에 적용시키며, 건축물 자체의 상징적 형태나 기술의 상징을 과장하지 않고 자기 삭제적 겸손함으로 존재함으로써 익명적으로 순수한 기술 자체를 수용하는 것을 의미한다. 그러므로 이것은 "건축의 기술에 대한 실용적 태도를 위해 건축 속으로 서비스를 통합하는"[33] 방식을 취한다. 이것은 밴험이 1960년대 초 미스 건축의 "발견된"[34] 기술에 대한 실용적 접근으로부터 시작하여, 1960년대 초의 영국의 CLASP(**지역 특별 프로그램 채권단**)

33) Nigel Whiteley, *op. cit.*, p. 154.

34) 밴험은 미스가 "과학기술의 해변가에서 발견된 다양한 기술을 주워 자동차 경주자가 다양한 부품과 기술들을 조합하듯 실용적으로 적용"했으므로 제2기계시대의 실용적 기술의 건축가라고 주장한다. Reyner Banham, "On Trial 6", *Ibid.*, p. 151.

그림3-37. 찰스 에임즈, 주택 No.8, 1949

그림3-38. 브루스 고프, 오클라호마 배빙거 주택, 1955

의 프리패브 시스템에서 가장 순수한 예를 발견한 방식이다. 이 방식은 찰스 에임즈(그림 3-37)나 브루스 고프(그림 3-38)의 건축[35] 이 기존의 레디메이드 재료와 기술들로 접근하듯이, 건축에 대해 순수 예술을 과감히 포기하고 기술을 가변적이고 실용적인 태도로 조합해 수용한다. 그러므로 이 방식에 의한 건축은 제1기계시대식의 기념비적 건축과는 거리가 멀며, 건축 외부의 순수한 기술의 결과로 존재한다.

(2) 급진적 기술의 건축

제2기계시대 건축의 두 번째 기술적 특성은 본질적으로 건축 외부의 다양한 영역에 대한 관심으로부터 접근하여 처음부터 끝까지 철저하게 과학적으로 진행하는 급진적 기술의 방식이다. 이 방식은 벅민스터 풀러(Buckminster Fuller, 그림 3-39)의 경우와 같이 건축을 단지

그림3-39. 벅민스터 풀러와 지오데식 돔

35) 에임즈는 제작업자의 표준적 유니트의 캐털로그에서 발췌해 도면을 그렸으며, 고프는 기존의 닛산 자동차 프레임을 포함한 다양한 기술적 재료들을 이용했다.

기능적, 기술적 해결을 위한 수단으로만 생각하고, 공간의 구축을 인간을 둘러싸는 환경을 창조하는 것으로 생각한다. 그러므로 이것은 기존의 건축에서 나타나듯, 닫혀진 미학에는 관심이 없으며, 연속적으로 변화하는 기술에 관심을 가짐으로써 궁극적으로 기술이 건축을 대체하여[36] 주택마저도 건축이 아니라 인간과 환경, 기술적 서비스의 통합체로 생각하게 되는 방식을 의미한다.[37] 이 방식은 그러므로 다양한 다른 학문들과의 통합을 통해 급진적으로 되는 '다름'의 건축이 되는 것을 목적으로 하게 된다.[38]

밴험은 벅민스터 풀러가 비록 제1기계시대 때부터 활동을 했지만,[39] 진정하게 과학과 기술을 이해하고 적용함으로써 제2기계시대에 적절한 범례를 마련하고, 1950-60년대까지도 제2기계시대의 과학적 건축을 주도적으로 이끌어 나갔다고 지적한다.[40] 예를 들어 풀러는 "건축을 혁명적으로 바꾸는 것이 결과적 형태가 아니라 그것이 기초하는(기술적)경향"[41] 이라고 말함으로써 디자인 자체가 형태직 결과를 염두에 두지 않고 철저히 과학적인 기술 과정에 속하는 것으로 파악한다. 그러므로 "환경조절 기계로서의 주택"[42] 인 그의 다이맥시온 주택은 "르 꼬르뷔제의 '살기 위한 기계' 같은 건축 미학의 형식주의적 함축의 오브제-유형이 아니라 공기의 전달과 대량

36) 밴험은 풀러를 연상하며 「제1기계시대의 이론과 디자인」에서 "기술이 다음 10년 내에 건축을 점점 침범할 것이며...기술적 사고습관은 건축적 사고습관에 대해 적대적이다"라고 주장했다.

37) 풀러는 주택이 "화재, 지진, 바람, 홍수, 유행병, 정치..세균, 나태...인간의 틀에 박힌 어쩔 수 없는 기능들, 즉 식사, 수면, 청소, 배설 등의 요소들에 대항하기 위한 첫째 라인이며, 기술은 습관적 필연성을 넘어 거대한 장점을 얻게 도와줄 수 있다"라고 주장한다. Buckminster Fuller, "Designing a New Industry", James Meller, ed., *The Buckminster Fuller Reader*, Pelican, 1972, p. 169.

38) 풀러는 "건축가가 새로운 방법으로 화학, 물리학, 수학, 생화학, 심리학, 경제학, 생산기술 등의 영역에서 교육을 받아야 한다"고 주장한다. Buckminster Fuller, "The Architect as World Planner", Urlich Conrads, ed., *Programs and Manifestoes on 20th Century Architecture*, 이현호역, 「건축선언문집」, 기문당, 1995, pp. 230-231.

39) 그의 대표적인 과학주의적 결과물인 다이맥시온 주택은 1927년도까지 거슬러 올라간다.

40) 밴험은 풀러의 중요성을 1950년대 후반에 인식하고 1959년 최초로 풀러에 대한 긴 글을 썼다. Reyner Banham, "Thought is Comprehensive", *New Statesman*, 1959년 8월 15일, pp.188-189, Nigel Whiteley, op. cit., p. 156 재인용.

41) *Ibid*., p. 154.

42) Dennis Sharp, "Maximum Deployment in a Dymaxion World", *AD*., vol.70, No.4, 2000, p. 17.

생산, 이동가능성, 과학적 서비스 등의 기술을 전달하는 개념의 실체"[43] 로 된다.

(3) 팝-SF적 기술의 건축

제2기계시대 건축의 세 번째 기술적 특성은 팝과 SF적 기술로 나타난다. 실용적 기술과 급진적 기술이 1950-60년대 당시 건축 전문가들에게 비교적 작은 반감만을 일으켰다면, 팝과 SF적 기술은 많은 반감을 불러 일으켰던 것이 사실이다. 그것은 건축의 진지함마저도 포기한 듯이 보였기 때문이다. 팝 기술은 급진적 기술과 통합될 수 있지만, 급진적 기술과 달리 대량 생산 시대의 소비자의 취향과 소비문화를 반영한다는 점에서 차이를 지닌다. 밴험이 자신의 글 「실적조사」(Stocktaking, 1960)에서 "대량 생산된 주택들은 다른 대량 생산된 상품들과 같이 빠른 노후 단계를 필요로 한다"[44] 라고 주장하며 스미슨 부부의 '미래의 주택'을 인용하여 건축을 위한 비교 표준으로서의 자동차 형태를 모방하는 예외적인 '다름'의 건축을 언급한 것은 팝 문화의 이러한 소비 가능성을 말한 것이라 할 수 있다.

그림3-40. 벅민스터 풀러, 다이맥시온 자동차

그러므로 제2기계시대의 건축은 단지 "다른 상품보다 오랜 사용기간을 가진" 소비가능성의 대상일 뿐이다. 아키그램 그룹이 세 번째 잡지「아키그램 3」(1963)에서 다룬 주제 역시 '일회용 건축을 향한 소비가능성'에 관한 것으로, 다양

43) Marshall McLuhan, "Buckminster Fuller Chronofile", 1967, James Meller, *op. cit.*, p. 30.
44) Reyner Banham, "Stocktaking", 1960, *Design by Choice*, p. 53.

그림3-41. 벅민스터 풀러, 위치타 주택 조립과정, 1944

한 일상적 소비용품들과 함께 한정된 주기를 가진 오브제들, 예를 들어 풀러의 다이맥시온 자동차(그림 3-40), 위치타 주택(그림 3-41), 런던 주의회 임시 주거 같은 것들, 그리고 비교적 장기간 사용하는 프레임과 단기간 사용하고 소비가 가능한 주거 유니트들을 다루었다는 것은 제2기계시대 건축의 주요 특성이 소비가능성으로 되었다는 것을 말해준다.

밴험은 팝 기술이 과학을 더욱 대중적이고 소비 가능한 것으로 만들기 위해 과학을 '차고 놀기 위한 과학'(science for kicks)[45] 으로 만들어 기존의 과학으로부터 엄숙주의를 제거하고 쾌락의 측면을 부각시킨다고 주장한다.「아키그램 3」(그림 3-42)의 메시지가 "소비 가능한 기술은 현대 생활의 즐거운 사실이어야 하며, 모든 것이 소비재로 여겨져야 한다는 것"[46] 이었다는 것은 이러한 '차고 놀기'의 배경을 설명해준다. 이것이야말로 1960년대의 다양한 SF적 팝 건축을 관통했던 주제이자 아키그램으로부터 현대의 OMA에까지 이르는 수많은 '다름'의 건축들의 중요한 주제라고 할 수 있다. 이것은 "거의 순수한 형태에서 차고 놀기 위한 과학인 SF를 통해 제2

45) 이것은 밴험의 Proposition 아티클의 에세이 제목으로, 과학을 공을 차고 놀듯이 여가, 보상, 자극, 이완 등을 위해 사용함으로써 건축가들이 기술적 사회의 새로운 건축을 더욱 재미있게 만들 수 있음을 의미한다.

46) 아키그램은 "주택, 전체 도시, 냉동콩 상자가 모두 똑같다"라고 주장한다. Peter Cook, *Archigram*, Studio Vista, 1972, p. 15.

그림3-42. 아키그램 3호 표지

기계시대의 열정적 구성원으로 될 수 있음"[47]을 의미하며, '차고 놀기'야말로 기술에 개방되고 열정적인 전문적 건축가의 모델로서, 제2기계시대의 건축에서는 과학을 심각하게 받아들이지 말고, "1910년부터 1927년까지의 근대 아방가르드들이 과학과 유희를 했듯이"[48] 과학과 유희를 할 필요가 있음을 의미한다.

결과적으로 밴험이 1960년대 초에 팝 기술의 건축으로 설정한 개념은 "SF에서 나타나는 유희성과 차고 놀기의 과학, 제2기계시대 기술의 고유 조건으로서의 소비 가능성, 소비자 취향, 뉴 브루털리즘이 표방했던 거칠음"[49] 등으로 요약할 수 있을 것이다. 그리고 이러한 개념들은 모두 'SF를 통한 차고 놀기의 과학'이라는 개념으로 통합될 수 있을 것이다. 1960년대의 아키그램이 보여준 전형적인 이미지(그림 3-43)는 당시의 소비자들이 원했던 풍요로운 미래적 이미지와 전후의 호경기가 가져온 짧은 주기의 소비 가능성 등을 모두 만족시키는 SF적 유희의 과학 이미지였기 때문이다.

---

47) 밴험은 SF 전문가가 다양한 과학을 알듯, 과학 전문가 역시 차고 놀기를 통해 비슷한 지식을 얻을 것이고, "과학으로부터 어떤 차고 놀기도 얻지 못하는 자는 20세기로부터도 어떤 차고 놀기를 얻지 못한다. 우리의 현재 상황에서 과학과 차고 놀기 유희를 하는 자는 생활의 질을 높이는 자로, 만약 그가 시각 영역에서 기능을 한다면...과학적 모험의 구성원으로 확인하게 되는 모든 종류의 상징을 더욱 잘 만들어낼 수 있을 것이다...건축가는 그러므로 과학과 차고 놀기를 해야 할 의무를 가진다"라고 주장한다. Reyner Banham, "1960 5", p. 388, Nigel Whiteley, *op. cit.*, p. 165 재인용.

48) *Ibid*.

49) *Ibid*., pp. 167–168.

그림3-43. 아키그램, 즉석 도시의 팝 이미지

3.6. 1950-60년대 과학주의 건축의 사례들

(1) 실용적 과학주의

제2기계시대 기술적 건축의 첫 번째 범주인 실용적 기술의 예는 급진적이며 혁명적인 새로운 과학이나 기술 대신 기존의 가능한 기술을 객관적으로 수용하여 최상의 기술적 결과를 얻는 "비이상주의적 개발"[50], 즉 누적된 기술적 장점들의 시스템인 일종의 시너지적 방식으로 나타난다. 이것은 기존의 사용 가능한 재료의 가장 순수한 형태로 나타난 1960년대 초 영국 CLASP의 프리패브 시스템과 마찬가지로, 기존의 다른 공업 기술들을 적절히 사용한 찰스 에임즈의 작품에서도 나타난다. 예를 들어 모터 공업기술을 건축과 가구 디자인에 적용하여 상업적으로 가능한 프리패브 시스템을 사용한 에임즈의 시범주택(1949, 그림 3-44)은 "공장 생산된 시스템의 부품

50) Reyner Banham, "On Trial 6", p. 126.

그림3-44. 찰스 에임즈, 시범주택 실내, 1949

들이 도시 내의 모든 건물들에 동일한 유용성으로 다양하게 적용될 수 있는"[51] 모델이다. 이것은 공업용 건설 기술개발의 모델을 건물의 모든 조건과 모든 목적에 맞도록 적용하는 것으로, "주어진 디자인 맥락 내에서 고려되는 모든 결말로 최고의 공업생산을 가능하도록 하는"[52] 방식이다. 에임즈의 방식은 결과적으로 다음의 두 가지로 요약될 수 있다. 첫째, 건축적 문제를 해결하기 위해 서로 다른 대안적 기술들을 정확하게 사용하는 것. 둘째, 통합된 전체 속으로 조립 부품들을 첨가해 모든 부분들이 조화를 이루도록 하는 것. 이것은 밴험이 분류한 실용적 과학주의라고 할 수 있다.

(2) 급진적 과학주의

급진적 과학주의는 무엇보다도 벅민스터 풀러의 방식에서 나타난다. 그는 "전통적이고 아카데믹한 건축의 모든 관습을 거부하고, 건축 외의 다른 산업에서 빌어온 재료와 기술들이 현대의 하이테크 건축의 이데올로기적 구조에 적용되듯이, 매우 급진적인 과학적 방식으로 기술을 적용"[53] 하기 때문이다. 그러므로 급진적 과학주의의 전통은 1970년대부터 구조의 과

---

51) Michael Brawne, "The Wit of Technology", *AD.*, 1966년 9월호, p.449, Robert Kronenburg, *Houses in Motion*, Wiley-Academy, 2002, p. 54 재인용.

52) *Ibid*.

53) Colin Davies, *High Tech Architecture*, Thames and Hudson, 1988, pp. 16-17.

그림3-45. 벅민스터 풀러, 다이맥시온 주택 실내

그림3-46. 바이센호프 지틀룽, 1927

학적 연구로부터 유래하는 하이테크 건축으로 이어진다고 할 수 있을 것이다. 풀러의 관심은 주택을 생산하는 새로운 방식과 건물 디자인 요소로서의 무게에 대한 정확한 계산 등으로 요약될 수 있을 것이다. 결과적으로 그의 과학적 방식은 무게의 계산과 부품들의 결합방식, 시공방식, 조립과 운송방식들 모두에 적용되는 철저한 급진성을 가지게 된다. 예를 들어 그의 '다이맥시온 주택(1927, 그림 3-45)'[54] 은 비록 제1기계시대에 만들어졌을지라도 제2기계시대의 특성을 정확히 예견한다. 중앙집중식 서비스 시설이 포함된 축에 매달리는 삼각형 모듈의 이 주택기계는 미학적 관심과는 거리가 멀게, 미래적 삶을 위해 "공기 공급이 가능하고, 대량 생산이 가능하고, 모든 장소로 이동 가능한, 병기학에서 주거학까지 고도의 과학 능력을 전달하는 도구로, 과학적 주거 서비스 산업을 보호하고 육성하는 새로운 인간 생활"[55] 로 정의된다. 이것은 같은 해에 만들어졌던 바이센호프 지틀룽(그림 3-46)의 유럽식 기능주의 실험 주택들 같은 제1기계시대의 건축과는 완전히 다른 개념을 보여준다.

다이맥시온 주택이 발전된 위치타 주택(1946)은 더욱 철저한 과학주의를 보여준다. 이 주택은 항공기 회사의 생산 라인에서 만들어질 것이었으며,

54) dymaxion이란 용어는 풀러 자신이 만든 것이 아니라 시카고의 마샬 필드상점이 고안한 것으로, dynamic/maximum/ions의 합성어이다.

55) James Meller, *op. cit.*, p. 30.

재료는 경량의 두랄루민으로 되고, 한 대의 더글라스 수송기가 공중 수송하는 무게로 만들어져 빠른 시간 내에 조립되어 경제적 가격으로 판매되는 프로그램을 가진 철저한 과학적 계산의 산물이다. 그것은 "표준적 형태 속에 자동의 자연 환기 시설, 공기정화, 전기로 작동되는 회전식 찬장, 이동식 간막이, 배관에 부착된 진공 청소기, 완전히 들어맞는 주방과 2개의 다이맥시온 욕실을 포함하는 것으로, 트럭 한 대로 옮길 수 있는 재사용 가능한 스테인레스 스틸의 튜브 속에 정확히 맞으며, 모든 부품은 5킬로그램을 초과하지 않고, 전체적으로 3,500킬로그램의 무게를 가진다. 조립 시간은 6명이 하루, 1명이 6일 걸리며, 부품은 1,800달러이다." 여기서 건물의 무게에 대한 정확한 계산은 다른 건축가들과 달리 공학자로서의 풀러의 모습을 보여준다.[56]

다이맥시온 주택 뿐 아니라 위치타 주택이야말로 충분히 상업화될 수 있음에도 풀러 자신의 계속적인 개량 욕구로 인해 현실화되지 못했다는 사실 역시 "지난번의 결과에 만족하지 않고 계속해서 목표를 수정해 나가는" 제2기계시대의 기술적 특성을 보여주는 예이다. 나아가 주택 외의 이동식 구

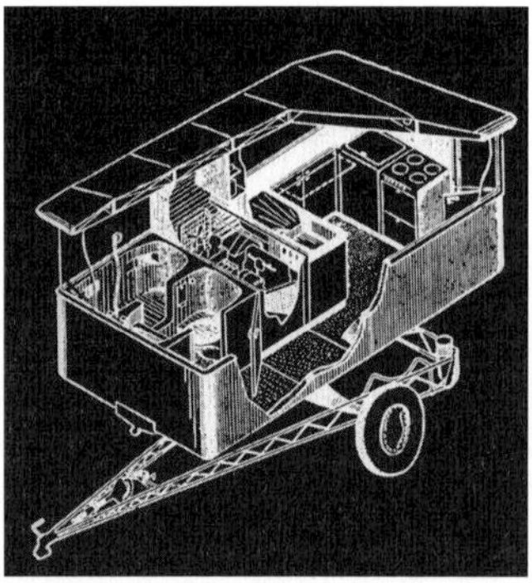

그림3-47. 벅민스터 풀러, 기계적 날개, 1943

그림3-48. 벅민스터 풀러, DDU, 1940.

56) 풀러는 "무게의 고려가 건물의 주관심사가 아니라는 사실은 건축이 공업과 얼마나 거리가 먼지를 말해준다"라고 주장했다. *Ibid.*, p. 83.

조인 '기계적 날개(그림 3-47)와 DDU'(Dymaxion Deployment Unit, 1940, 그림 3-48)는 직경 5.5미터의 철제 캡슐로, 딱들어맞는 주방과 욕실, 발전기를 포함하며, 별도의 다락과 대류 환기 시스템을 허용하기 위해 재디자인된 단편적 상부 표면을 포함하고, 분해된 상태로 자동차에 의해 운반되어 철제 기둥 위에 세워지도록 된 유니트로, 마찬가지로 급진적인 과학주의를 보여준다.

풀러의 또 다른 급진성은 철저한 무게 계산의 결과인 그의 지오데식 돔(1954, 그림 3-49)[57] 에서 나타난다. 미국 해양회사를 위해 디자인한 마그네슘 프레임에 대크론 섬유로 덮힌 공중 수송용 헬리콥터 격납고(1954), 16.5미터 간격의 폴리에스터/섬유유리 광선 돔, 비행기 한 대로 옮겨져(그림 3-50)그

그림3-49. 벅민스터 풀러, 지오데식 돔, 1954

그림3-50. 지오데식 돔의 공중 수송

지역의 노동력으로 48시간 내에 세워지는 30미터 돔, 76미터 간격의 3/4 구체로, 육각형의 아크릴 렌즈가 태양 진로에 따라 개폐되는 몬트리올 엑스포 미국관(1967) 등은 이것의 예들이다.[58] 무엇보다 급진적인 과학주의를 보여주는 예는 3.2킬로미터 폭으로 맨해튼 섬을 덮는 돔 계획(1960)으로, 이것

57) geodesic은 수학적으로 유도된 표면의 두 개 점 사이의 가장 짧은 선을 의미하는 것으로, 이 법칙의 최초의 예는 풀러가 아니라 1922년 독일의 발터 바우어스펠트 박사가 칼 차이스 회사의 지붕 위에 세운 40미터 간격의 3,480개 지주로 구성된 3.8센티미터 두께(같은 직경의 달걀껍질 두께의 비율)의 콘크리트로 된 돔이다. "The Wonder of Jena", Shelter, 1973, pp.110-111, Robert Kronenburg, *op. cit.*, p. 52.

58) 풀러의 지오데식 돔은 1954년부터 1995년까지 400,000개 이상 세워졌다. Dennis Sharp, *op. cit.*, p. 19.

은 SF적인 비현실적 계획안으로 보이지만, 실제로 1.6킬로미터 높이의 돔이 16대의 시코르스키 헬기로 장소에 옮겨져 3달만에 세워지도록 철저히 계산으로 입증된 급진적 과학주의의 안이다. 풀러의 이런 계산 방식은 건물의 조립과 운송 과정까지를 고려한 철저한 과학주의를 보여주는 예라고 할 수 있다.

프라이 오토(Frei Otto) 역시 급진적 과학주의의 예를 보여준다. 그의 작품은 형태의 효율성과 경량성, 유연성 등의 규칙에 기초해 만들어지며, 일반적 건축 공간의 관점을 떠나 물리적으로 다양한 자연환경 속에서 구조체의 철저한 모델 실험을 통해 만들어진다. 그의 몬트리올 엑스포 독일관(1967, 그림 3-51)이나 뮌헨 올림픽 스터디움(1972, 그림 3-52)같이 철제 메쉬 위에 폴리에스터 섬유를 덮는 그물망 구조나 쾰른 연방정원 전시장(1957, 그림 53)같은

그림3-51. 프라이 오토, 몬트리올 엑스포 독일관, 1967

그림3-52. 프라이 오토, 뮌헨 올림픽 경기장, 1972

그림3-53. 프라이 오토, 쾰른 연방정원 전시장, 1957

섬유질의 텐트식 구조가 보여주는 본질적 자질들인 휴대 가능성, 경량, 유연성, 혹은 막구조나 래티스 돔의 특성들은 건축 외의 다른 대상으로부터 기능적 가능성을 적용한 급진적

과학주의의 예에 해당한다. 이것은 그가 주로 자연구조, 즉 거미줄, 산호초, 물방울의 장력, 동물의 뼈구조 등으로부터 과학적 구조를 연구했다는 사실로도 설명될 수 있다.

콘라드 박스만(Konrad Wachsmann)의 공간 구조 역시 건축의 일반적 구축방식을 벗어나는 철저한 공학적 관점의 급진적 과학주의를 보여준다. 그는 초기에 목재의 프리패브 시스템으로부터 시작하여 공학기술을 이용해 금속제, 강관 등으로 확장시켜 나갔으며, 최소의 요소로 구조체의 접합을 이루는 방식에 몰두하여, 최대의 방식으로 재결합될 수 있는 유연한 연결구조들을 개발해낸다. 예를 들어 그가 미공군 연구소에서 설계한 격납고 시스템(1959, 그림 3-54)은 조립식으로 각각의 부품이 5톤 미만으로 되어야 하

그림3-54. 콘라드 박스만, 미 공군 격납고 계획, 1959

며, 풀러의 돔이 가지는 무한한 공간 확장 방식과 유사하게, 3.30미터 간격의 행거들이 무한히 확장되며 지붕구조가 옆으로 50미터 돌출하도록 된 거대한 3차원 공간구조의 과학적 산물이다. 그 역시 "이 시대의 목표가 산업디자이너와 같이 공학을 복합적 도구로 사용하는 보편적 디자이너에 의해

이루어질 것이며, 생산과 건물요소, 구조 사이의 경계가 없어질 것이다"[59] 라고 주장함으로써 제2기계시대의 급진적 과학주의의 개념을 보여준다.

(3) 팝 과학주의

1) 공상적 팝 과학주의

팝 과학주의는 밴험이 가장 관심을 가졌던 영역이라 할 수 있다. 이는 1950-60년대 당시 밴험이 속했던 앙데팡당 그룹이 팝 아트의 대중적 소비구조와 차고 놀기 과학으로서의 SF의 미래적 실험에 지속적인 관심을 기울였기 때문이다. 그러나 대부분의 팝 과학주의의 실험들은 현실적으로 실현하기 힘든 공상적 팝 과학주의로 나타난다. 스미슨 부부와 앙데팡당 그룹의 영향으로 인해 1960년대의 대부분의 팝 과학주의의 실험은 영국에서 나타나는데, 이들의 실험은 제2기계시대 팝 문화의 특성과 같이 건축과 외부의 다양한 영역들의 경계를 허무는 것으로 시작한다. 짐 번스가 이들을 '절족동물'(arthropods)이라 칭하고, 그 특성을 "변화에 대한 능력과 의지, 과정 속에 포함되며, 환경과 타인들을 고려한 실험에 개방되고, 모든 수준에서 환경적 창조와 함께 작업을 하는 것"[60] 이라 정의하며, "예술과 과학, 기술, 건축, 일상생활 사이의 구분은 분해되기 시작한다"[61] 고 주장한 것은 이 점에서 옳다.

가장 대표적인 그룹은 아키그램으로, 이들은 60년대를 거치는 동안 우주시대를 향한 "캡슐, 로켓, 잠수정, 휴대용 팩"[62] 같은 SF 이미지와 팝 문화

---

59) Konrad Wachsmann, The Turning Point of Building, 1961, Joan Ockman, *Architecture Culture 1943–1968*, Rizzoli, 1993, p. 266 재인용.

60) Jim Burns, *Arthropods: New Design* Futures, Academy,1972, p. 165.

61) *Ibid*., p. 8.

62) 피터 쿡은 「아키그램 4」 서문에서 자신들이 이러한 우주시대 만화의 하드웨어들을 디자인한다고 밝혔다. Peter Cook, "Zoom and Real Architecture", *Archigram* 4, 1964, in A *Guide to Archigram 1961–74*, Academy Editions, 1994, p. 106.

를 혼합해 공상적 과학주의의 건축을 표현한다. 그들의 「아키그램 1」(1961)에 실렸던 "우리는 건물 속으로 카운트 다운과 궤도용 헬멧의 시학을 끌어오기를 원한다"[63] 는 주장이나 팝아트적 도시 계획(Pop Urbanism)을 주장하며 디자인에 대한 실존주의적 접근을 보여주었던 "리빙시티 전시"(Living City, 1963, 그림3-55, 56, 57, 58),「아키그램 4」(1964, 그림 3-59)의 서문에 실렸던 "SF 이미지가 건축적 상황의 침체로부터 탈출할 출구"[64] 라는 주장은 이들이 제2기계시대의 과학기술을 건축 속으로 끌어들이기 위해 SF를 선택했음을 알려준다. 소비가능 사회를 대상으로 한 이들의 공상 과학적 실험은 "일정 기간 사용 후 버릴 수 있는 건축, 이동 가능한 건축"[65] 에서 시작해 SF적인 거대구조의 시리즈로 나아간다. 이 개념은 르웰린 데이비스(Llwelyn Davies)로

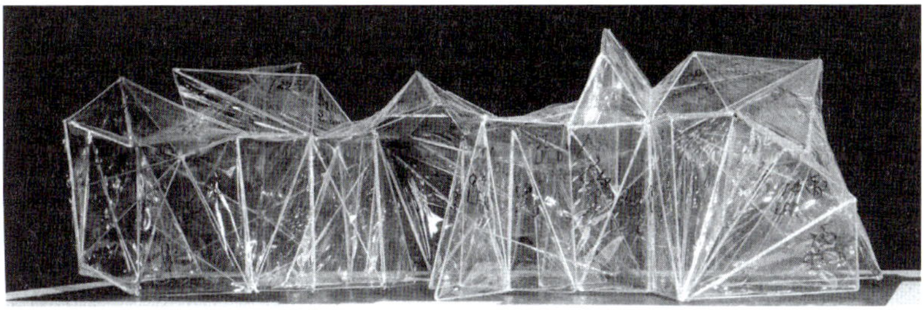

그림3-55. 아키그램, 리빙시티 전시 모델, 1963

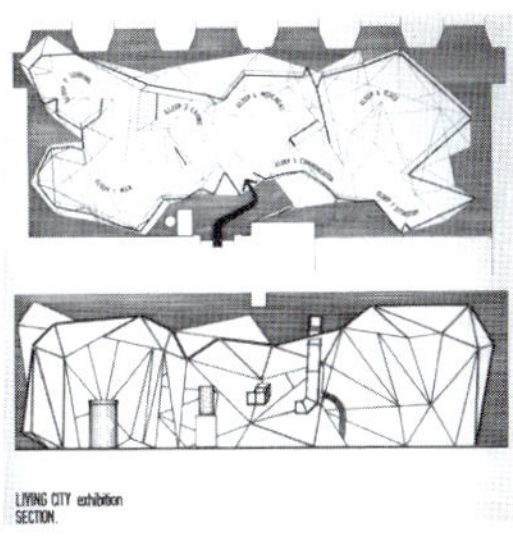

그림3-56. 아키그램 리빙시티 전시평면과 단면, 1963

그림3-57. 아키그램, 리빙시티 전 내부의 로비 더 로봇을 보여주는 팝아트적 전시, 1963

그림3-58. 피터 테일러, 아키그램의 리빙시티 전을 위한 몽타주, 1963

63) David Greene, *Archigram Issue* 1, 1961, *Ibid*., p. 37 재인용.

64) Peter Cook, "Editorial", *Archigram* 4, *Ibid*., p. 106.

65) Peter Cook, *Experimental Architecture*, Studio Vista, 1970, p. 9, Robert Kronenburg, *op. cit*., p. 111재인용.

그림3-59. 아키그램 4호 겉표지, 1964

부터 나온 개념인 '클립-온'(clip-on), 즉 "사용 가능한 볼륨 속으로 첨가될 수 있는 구조적 유니트"[66] 의 개념에서 시작해 스미슨 부부의 '미래주택'이 포함하는 "어떤 더욱 복합적인 것 속으로 첨가될 수 있는 사용 가능한 볼륨들"의 개념을 거쳐, '클립-온'으로서의 소비 가능한 작은 유니트들을 큰 프레임 내로 자유롭게 첨가해 일반적 구조가 동력원, 서비스, 지지 등으로 되고, '클립-온'들이 거주용 유니트로 되는 개념인 '플럭-인'(plug-in) 개념으로 발전된다.

캐빈주거(1962, 그림 3-60)로부터 시작된 플럭-인 건축의 실험은 콘크리트의 거대구조 속으로 이동가능한 주거 캡슐을 집어넣는 것으로, 이것이 절정을 이룬 플럭-인 시티(1964, 그림 3-61) 계획은 풀러의 다이맥시온 유니트들과 달리 도시 전체의 하부구조와 다양한 시스템 부분들의 사용주기까지 설

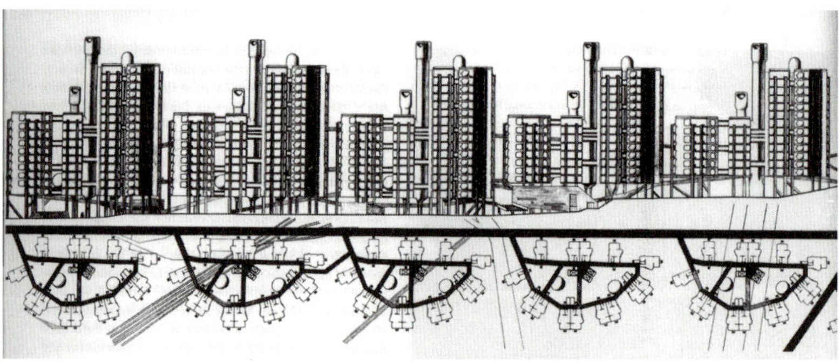
그림3-60. 아키그램, 메탈 캐빈 하우징 계획, 1962

66) Reyner Banham, "A Clip-on Architecture", *AD.*, 1965, p.9, Nigel Whiteley, *op. cit.*, p. 174 재인용.

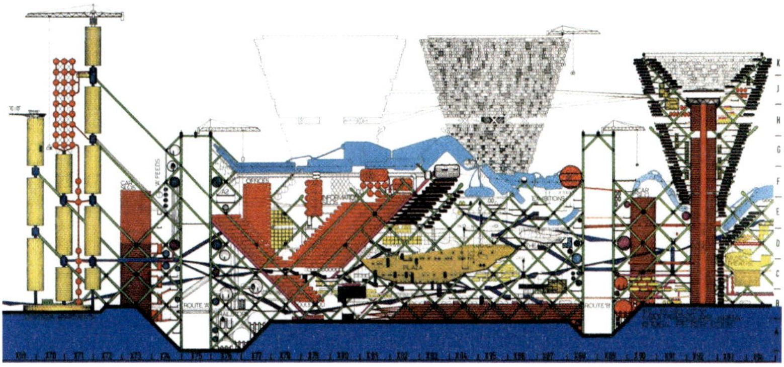

그림3-61. 아키그램, 플럭-인 시티, 1964

명되었지만 실제의 기술적 처리와 건축적 해결은 언급하지 않고 과학적 이미지의 만화같은 그림들만으로 표현되고 있다. 팝 문화가 '과학과의 차고 놀기'를 추구하듯, 이들의 디자인은 공상과학의 다양한 과학적 내용들을 포함함에도 불구하고 분명히 SF의 이미지만을 시각적으로 다루는 공상적 팝 과학주의를 보여준다.

이와 관련된 일련의 다른 계획들, 즉 워렌 초크(Warren Chalk)의 캡슐홈 계획(1964, 그림 3-62)이나 데니스 크롬튼(Dennis Crompton)의 컴퓨터 시티(1964, 그림 3-63), 론 헤론(Ron Herron)의 개스켓 주거 계획(1965, 그림 3-64) 등은 역시 플럭-인 주거 모듈과 우주 프로그램, 자궁과 같은 기계들의 내부 공간들을

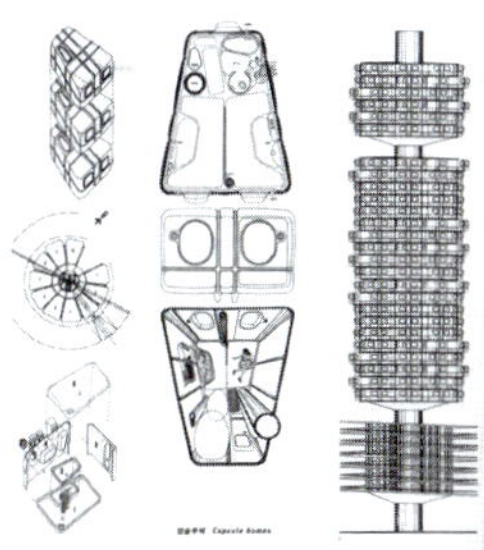

그림3-62. 아키그램, 캡슐타워, 1964

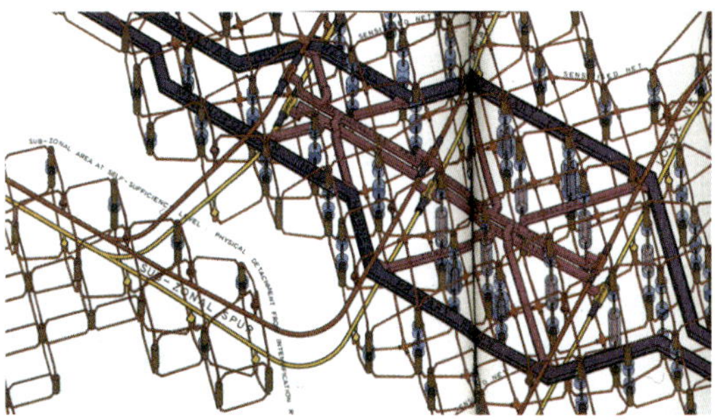

그림3-63. 데니스 크롬튼, 컴퓨터 시티, 1964

디테일하게 표현했지만, 어떤 과학적, 기술적 해결책이 없이 시각적 이미지만으로 나타났으며, 론 헤론의 워킹시티(1964, 그림3-65)는 더 나아가 거대한 생물체와 같은 미래도시가 망원경같은 다리로 전세계를 걸어 다니는 SF적 이미지만으로 표현되고 있다.

그림3-64. 워렌 초크, 개스켓 주택, 1965

그림3-65. 론 헤론, 워킹시티, 1964

물론 거대한 SF적 구조들 외에 실제적으로 가능한 공기 부풀림식(pneu)구조를 이용한 계획들도 당시의 '다름'의 건축을 추구한 결과들이다. 그러나 마이클 웹(Mike Webb)의 "개인의 등에 필요시 부풀려지는 완벽한 환경을 짊어지고 다니게 되는 유목적 유니트"인 쿠시클 계획(Cushcle, 1966, 그림 3-66), 우주복과 자동차의 기능을 합한 수탈룬 계획(Suitaloon, 1968, 그림 3-67), 혹은 비엔나 출신 하우스 루커 컴패니의 풍선 구조(1967, 그림 3-68)나 투명 헬멧형 최소공간인 환경 변형기(1968, 그림 3-69) 같은 공기 구조를 이용한 계획들은 도시나 건축적 해결과는 거리가 먼 기계적 장비의 부분만을 보여줄 뿐이다. 결과적으로 1960년대 팝 기술의 대표적 그룹인 아키그램은 하이테크를 비롯한 현대 건축의 디자인에 미래적 비전으로 지대한 영향을 미쳤음에도 과학적 이론의 뒷받침이 없이 비건축의 영역에서 이미지로서만 남았다고 보아야 할 것이다.

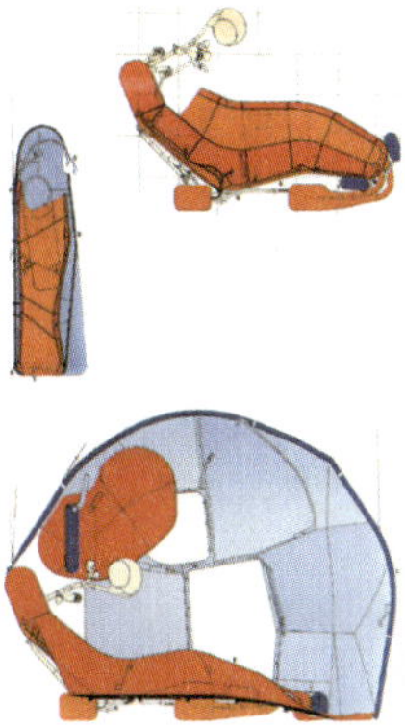

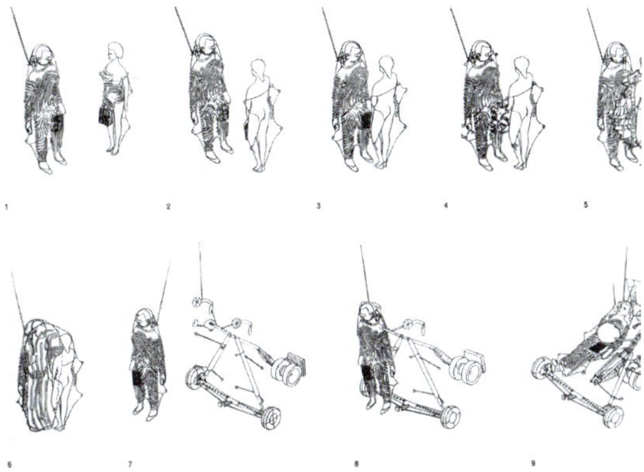

그림3-66. 마이클 웹, 쿠쉬클, 1966

그림3-67. 마이클 웹, 수탈룬, 1968

그림3-68. 하우스-루커 컴패니, 풍선구조, 1967

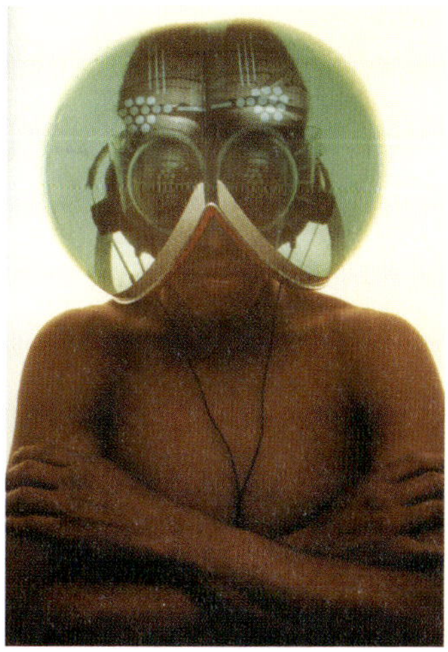

그림3-69. 하우스-루커 컴패니, 환경변형기, 1968

낙관적인 과학적 진보에 대한 믿음과 소비문화가 절정에 달했던 1960년대를 통해 공상적 과학주의는 아키그램 외에 다양한 그룹들에 의해서도 시도되었는데, 이들의 개념은 주로 클립-온과 플럭-인에 의한 거대구조 속으로의 유니트들의 삽입, 거대한 교량식 구조, 해저구조, 나무와 같은 생물

학적 거대구조 등 다양한 형식으로 실험되고 있다.[67)]

1960년대 초 일본의 메타볼리스트들에 의한 거대한 수상도시 계획들(그림 3-70)에서부터 요나 프리드만의 공중도시 계획(1956, 그림 3-71), 발터 요나

그림3-70. 기요노리 기쿠다케, 해양도시 계획, 1958

그림3-71. 요나 프리드만, 공중도시, 1956

스의 세포식 주거들의 거대구조인 인트라폴리스 계획(1968), 볼프강 되링의 적층 유니트들의 주거타워(1964, 그림 3-72)와 종합적 재료로 이루어지는 타워식 공간시스템(1965) 등은 모두 플럭-인 시티의 개념으로부터 발전된 공상적 과학주의의 거대구조들이다.

그림3-72. 볼프강 되링, 적층식 주거 타워, 1964

아키그램식의 미래에 대한 낙관적 비전의 거대 도시구조와는 달리 상황주의자(Situationist)인 콘스탄틴 니우벤하우스(Constant Nieuwenhuys)의 뉴 바빌론 계획(1960, 그림 3-73)에서는 "대중적 창조성의 대상으로서의"[68)] 전체의 단일화된 도시가 인공적으로 들어올려져 올려진 단위마다 주거와 사회적 공

67) Justus Dahinden, *Urban Structures for the Future*, Praeger Publishers, 1972, pp. 20–40.

68) Constant Nieuwenhuys, "New Babylon", 1960, Urlich Conrads, *op. cit.*, p. 226.

그림3-73 콘스탄틴 니우벤하우스, 뉴 바빌론 계획, 1960

그림3-74. 수퍼스튜디오, 연속적 기념비, 1969

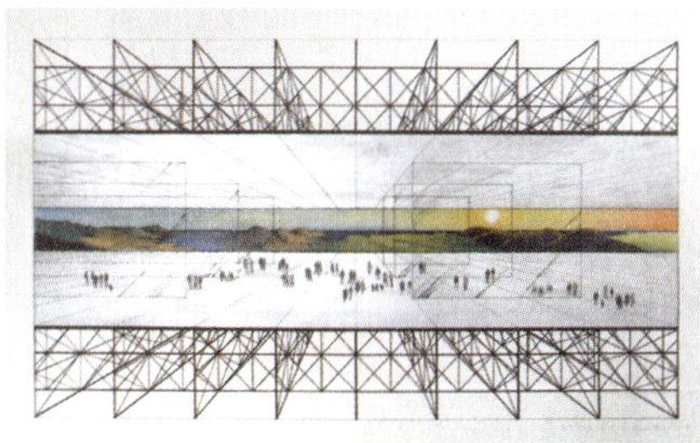

그림3-75. 아키줌, 노스톱 시티

간, 최상부의 옥상 등을 갖춘 완전한 인공 도시공간이 지속적으로 변화를 하는 구조로 나타난다. 마찬가지로 이태리의 수퍼스튜디오(Superstudio)에 의한 연속적 기념비 계획(1969, 그림 3-74)이나 아키줌(Archizoom)의 노스톱 시티계획(그림 3-75)에는 이런 단일화된 도시구조의 영향을 받아 "기술과 문화, 모든 제국주의의 형식들에 의해 통일된 단일의 연속적인 백색의 등방성 인공구조"[69] 가 등장한다. 이 계획들 역시 SF적인 상징적 이미지만 나타날 뿐 구체적인 기술적 해결은 제시되지 않는다.

결국 1960년대의 아키그램을 비롯한 공상적 과학주의의 건축가들은 당시 유행하던 SF의 미래적 이미지를 '과학과의 차고 놀기'를 통해 쾌락적이거나 철학적인 의미심장함의 수준으로 채택했으며, 1960년대 중반까지

---

69) Joan Ockman, *op. cit.*, p. 437.

의 기술적 낙관주의에 의해 촉진된 팝 문화의 소비가능성과 함께 차고 노는 과학의 다양한 관심사의 영역으로 통합[70] 함으로써 급진적 기술을 팝적인 감수성의 이미지로 표현했다고 볼 수 있을 것이다. 그러므로 1960년대 중반까지 '다름'의 건축을 위해 급진적 기술과 팝 기술은 통합되고, 과학을 통해 건축을 '다름'의 환경으로 만들기 위해 공상적 과학주의가 제2기계시대 건축의 새로운 주제로 되었다고 볼 수 있을 것이다. 결국 당시의 대부분의 건축가들은 밴험이 주장했듯이 "기술의 논리를 추구하며 건축으로부터 벗어나던가, 건축적 전통 내에서 기술의 상징적 표현만을 하도록 남겨졌다"[71] 고 보는 것이 옳을 것이다.

2) 현실적 팝 과학주의

대부분의 팝 기술 건축들이 SF적인 공상적 과학주의의 노선을 택했던 반면, 팝 문화를 수용하면서도 현실적으로 가능한 안들을 제시한 예들도 있다. 예를 들어 초기에 팝 문화의 소비 가능성을 인식했던 스미슨 부부의 미래주택(1956)과 도구주택(1957-59)은 비록 SF적 감성에서 미래적인 생활방식과 주택의 시스템을 계획했지만, 미래주택이 실제의 가능한 재료들로 이루어지고, 제1기계시대의 획일적 효율성 대신 자동차 부품의 교환 같은 다양한 모듈 부품들의 호환 가능성으로 대표되는 다양성의 효율성을 추구함으로써 제2기계시대의 생산방식에 대응한 것은 현실적인 방식이라 할 수 있다. 또한 도구주택이 전기 서비스가 일반화된 1950년대에 어울리게 실내공간단위와 가구, 서비스 시설이 일체화되고, 기존의 공간을 구분하는 건축적 미학 대신 전기 서비스의 형식에 따라 건축 단위가 결정된 것 역시 풀러의 관점과 마찬가지로 과학주의적이며, 현실적인 방식이라 할 수 있을 것이다.

70) 아키그램을 비롯한 당시의 급진적 그룹들은 앙데팡당 그룹의 관심과 같이 "인간공학, 부풀린 공기주택, 밥딜런에 의해 현현된 신의 목소리, 목을 부러뜨린 네이팜탄, 포드GT-40의 입면..., 캐러반주택, 해저실험실 등" 당시 사회의 대중적 관심들을 공유했다. Nigel Whiteley, *op. cit.*, p. 184.

71) Reyner Banham, "Megastructure", *AD.*, 1975년 7월, p. 401.

아키그램과 달리 풀러의 제자였던 세드릭 프라이스는 팝 문화를 반영하면서도 매우 과학적인 현실적 접근을 한다.[72] 예를 들어 그가 로테르담에 설치한 퍼포먼스 공간(1969)은 텐트 지붕을 씌운 매우 효율적인 구조물이었으며, 펀 팰리스 계획(Fun Palace, 1961, 그림 3-76)은 기능과 조작, 사용주

그림3-76. 세드릭 프라이스, 펀 팰리스, 1961

기 등에서 유연성을 지니는 시설로, 아키그램의 계획들과 같이 공간과 구조의 변화를 위해 커뮤니티와 상호행위를 하는 촉매적 환경을 제안했지만, 건물구조가 변화하는 크기와 공간조작, 서비스들의 실제적 내용을 다루는 방식을 과학적으로 강조함으로써 현실적으로 가능한 안이었다고 할 수 있다. 펀 팰리스의 개념이 런던 켄티시 타운의 인터액션 센터(1972, 그림 3-77)에서 실제로 구현되었다는 사실은 이것이 현실적인 과학주의임을 말해준다. 마찬가지로 그의 포터리 싱크벨트 계획(Potteries Thinkbelt, 1964, 그림 3-78) 역시

72) 그는 풀러와 같이 "교량의 디자인에 흥미를 가져서는 안되고 반대편에 도달하는 방식에 관심을 가져야 한다"고 과학적으로 디자인의 매개변수를 입증하려 했다. Cedric Price,"On Safety Pins and Other Magnificent Designs", Pegasus, 1972, Robert Kronenburg, *op. cit.*, p. 114 재인용.

그림3-77. 런던 인터액션 센터, 1972

그림3-78. 세드릭 프라이스, 포터리 싱크벨트, 1964

선형의 철로 위로 다양한 시설들의 결절점들이 설정되고, 그 결절점들에서 임시적이거나 영구적인 구조들이 가변적으로 필요에 따라 설정될 수 있는 매우 현실적인 계획이다.

팝 문화의 또 하나의 결과로서 공기를 넣어 부풀리는 공기 부풀림식 공기구조의 건축은 1960년대의 팝 문화에서 탄생되었지만, 그 구조적 형태가 프라이 오토나 풀러의 정확히 계산된 원형들로부터 유래했다는 점에서 현실적인 과학주의의 노선을 따른다. 프랑스의 유토피(Utopie)그룹(그림 3-79)의 공기구조식 생활-경제적-이동구조(1967)나 비엔나의 코프 히멜블라우에 의한 구름계획(1968, 그림 3-80), 한스 홀라인의 이동식 사무실(1968, 그림 3-81, 82), 그리고 미국 앤트 팜(Ant Farm)의 자기 이동식이며 유목적인 트럭킹 대

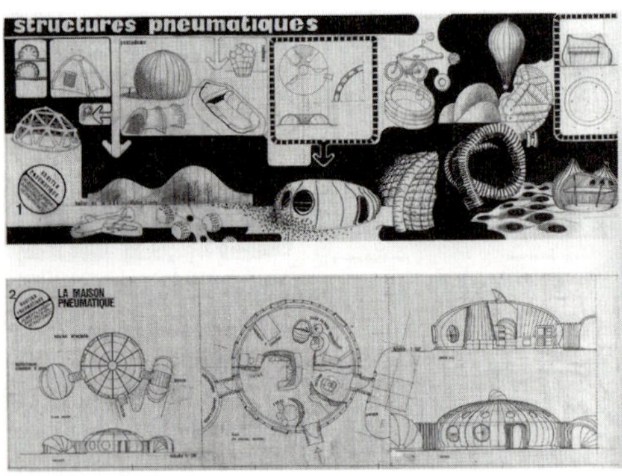

그림3-79. 유토피 그룹

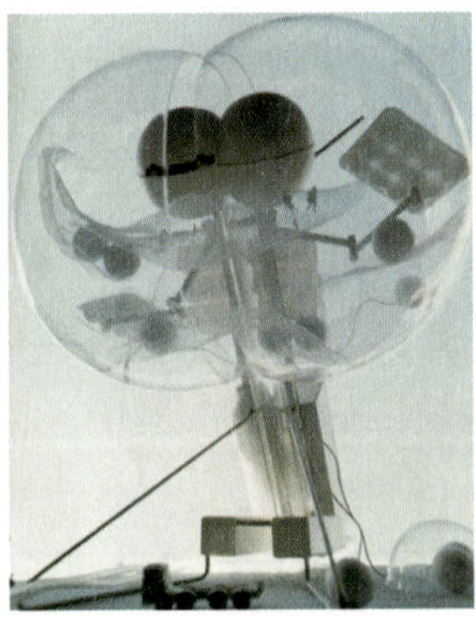

그림3-80. 코프 히멜블라우, 구름계획, 1968

그림3-81, 82. 한스 홀라인, 이동식 사무실, 1968.

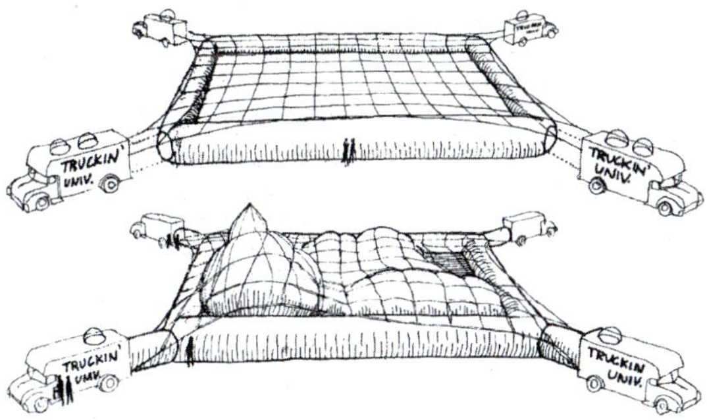

그림3-83. 앤트 팜, 트럭킹 대학, 1970

학(1970, 그림 3-83) 등은 과학적인 계산 하에 만들어진 공기 구조체로 현실적인 팝 과학주의를 보여준다.

이러한 사례들은 많은 경우에 다양한 과학적 접근을 하지만 과학 이론에 대한 실제적 이해와 적용 보다는 과학적 이미지의 표현에 그침을 알 수 있다. 이는 특히 1950-60년대의 팝 문화가 가지는 SF적 특성과 차고 놀기 과학의 영향이 크게 작용했다고 볼 수 있다. 결과적으로 공상적 과학주의는 밴험이 주도했던 제2기계시대 '다름'의 건축의 영향으로 팝 기술과 급진적 기술이 통합되어 나타난 것으로, 이는 건축가들의 과학 이론에 대한 본질적 취약함과 선망의 이중적 본성에 의한 것이라 할 수 있을 것이다.

4. SF와 건축

4.1. SF와 건축의 미래

현대의 건축 디자인에 대한 영향력을 레이너 밴험이 주장하듯, '전통의 보수적 압력과 건축 문제에 대해 더욱 진보적이고 개방적인 접근을 고무하는 기술'[1] 이라는 크게 두 가지의 관점으로 볼 때, 전자가 기존의 일반적 지식들의 축적을 이용하여 전문가들의 상세한 실습과 함께 일반 대중들의 대다수의 호응을 얻는다면, 후자는 기존의 일반지식들을 넘어서 보다 근본적인 질문을 하는 급진적 건축의 기초를 제공한다고 볼 수 있다. 물론 근대건축 역시 17세기부터 진행되었던 기술의 진보와 그것으로부터 야기된 사회 전반의 급진적 변화로부터 기인되었던 것이니만큼 기술이라는 관점 자체가 20세기 현대 건축의 전제조건이라고도 볼 수 있지만, 현재에 있어서도 전통과 보수적 패러다임의 요구가 대부분의 일반적 건축계를 지배하고 있는 현실에서 이 두 가지의 관점은 계속적인 변증적 관계를 이룬다고 보아야 할 것이다.

---

1) Reyner Banham,"Stocktaking",in *Design by Choice, Academy* Editions:London, 1981,p. 48.

그러나 비록 당대의 일반적인 호응을 얻지는 못할 지라도 기존의 건축 개념과 건축 디자인에 대해 지속적인 질문을 하며, 실험적 디자인을 이끌어 나감으로써 궁극적으로 건축의 새로운 패러다임을 가능하게 하는 것은 후자의 관점에 의한 건축의 미래적 비전이라고 할 수 있다. 그리고 이것에 영향을 주는 요소들은 새로운 과학과 기술의 전문적 기술뿐 아니라 사회와 문화 전반의 다양한 새로운 요구들에 의해서도 이루어지지만, 그 가운데에서도 과학과 기술의 새로운 지식으로부터 가상적 미래사회의 가능한 비전을 제시해주는 SF(Science Fiction)는 과학적 토대와 함께 그것의 시적, 환상적 비전으로 인하여 당대의 미래적 비전의 구축에 매우 강력한 영향력을 행사한다고 할 수 있다.

특히 이러한 SF로부터의 이미지는 당대 건축의 실제적인 구조적, 기능적, 경제적 제약들로부터 자유롭게, 최대한의 가능한 미래적 비전들을 보여주는 도면 건축(paper architecture)들을 양산해냄으로써 결과적으로 그러한 비전들을 현실적으로 가능하게 해주는 하드웨어 상의 발전을 이루게 하는 원동력으로 작용한다는 점에서 중요한 의미를 지닌다. 물론 SF 역시 당대의 사회, 문화적, 과학적 지식을 토대로 하여 그것으로부터 미래적 상황을 예견하는 만큼, 그 시대의 특징적 패러다임을 반영하며, 그러므로 시대에 따라 변화되는 미래관을 보여준다. 마찬가지로 건축과 도시의 미래적 비전 역시 SF의 미래관의 변화와 같이 시대에 따라 변화되는 모습을 보여주며, 이 두 가지는 상호 대응되는 양상을 보인다. 라라 슈레이버가 주장하듯, "미래의 도시는 항상 SF 영화에서 실험하는 사고의 대중적 주제였으며, 그것들을 궁극적 한계로 취해, 개념적으로, 그리고 도시 공간이 어떻게 보이는지에 관해 SF 영화들은 20세기 사회적 발전에 관한 정보를 제공하고, 나아가 미래의 도시들에 관해 변화하는 인식을 보여주기"[2] 때문이다.

---

2) Lara Schrijver, "From Alphaville to Cyberville: The City of the Future in Science Fiction Films", *OASE*, vol. 66, 2005, p. 30.

4.2. SF의 정의와 시대적 변천

SF는 사전적 정의를 따르자면 "과학적 발견과 기술적 발전, 미래의 이벤트와 사회적 변화들이 인간에게 영향을 미치는 방식을 다루는, 20세기에 발전된 문학 장르"[3]를 의미한다. 이는 "상상된 미래 과학, 혹은 기술적 진보와 사회적, 환경적 변화에 기초한 소설"[4] 이라고 또한 정의될 수 있다. 나아가 조지 만(George mann)은 SF의 개념을 다음과 같이 더욱 상세히 설명하고 있다: "SF는 합리적이고 현실적인 관점에서 우리 자신의 것과 다른 미래 시간과 환경을 묘사하려 하는 환상적 문학의 형태이다. 그럼에도 불구하고 그것은 어떤 새로운 기술이라도 가질 수 있는 물질적, 심리적 효과들을 실험하며, 현대 사회에 대한 함축적 의견을 제공하고, 씌어지게 되는 시간들의 개념에 대한 인식을 보여준다".[5]

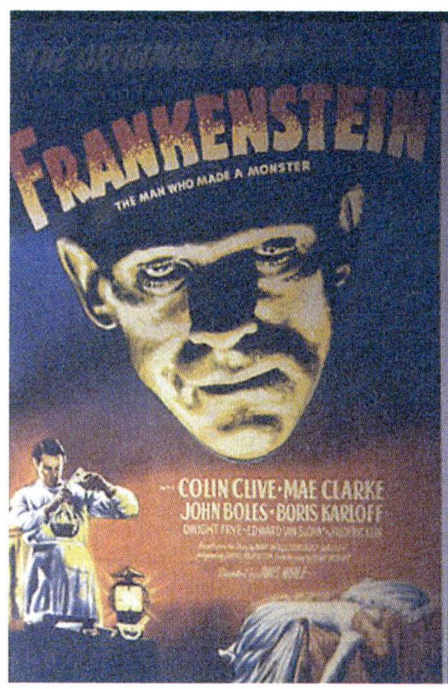

그림4-1. 프랑켄슈타인

이것은 과학적 사실들과 법칙들의 외삽으로 될 수도 있고, 그러한 것들과 모순되는 불가능한 영역으로 확장될 수도 있으나, 각각의 경우에 과학적 사실에 기초하는 것이 필수이므로 로버트 스콜즈(Robert Scholes)와 에릭 랍킨(Eric Rabkin)은 새로운 과학적 사실들과 상상력에 기초하여 기술한 소설인 메리 셸리(Mary Shelley)의 「프랑켄슈타인」(1818, 그림 4-1)을 최초의 SF소설로 정의

3) *Britannica Encyclopaedia*, Britannica, Inc., 1997.

4) Gül Kacmaz Erk, "Architectural Space and Cyberspace as Represented in Science Fiction Film", *Oase 66 Virtually Here: Space in Cyberfiction*, NAi Publishers, 2005, p. 6.

5) George Mann, *The Mammoth Encyclopedia of Science Fiction*, New York, 2001, p. 6.

그림4-2. 드라큘라

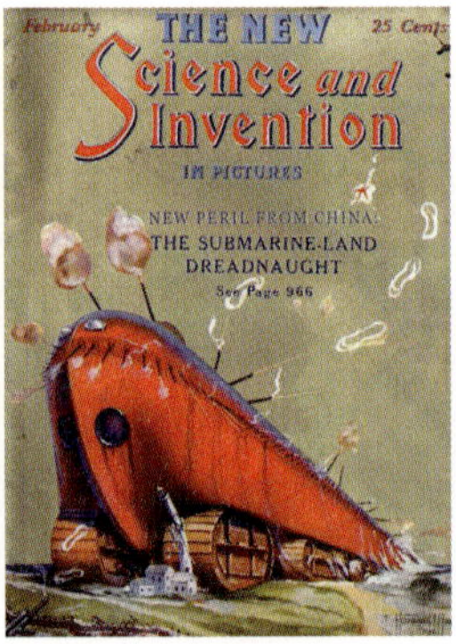

그림4-3. 과학과 발명, 1923

그림4-4. 어메이징 스토리

한다.[6] 그러므로 브람 스토커(Bram Stoker)의 「드라큘라」(1897, 그림 4-2)같은 초자연적인 소설은 SF의 범주에 들어가지 않는다. 여기서 SF의 명칭은 미국의 대중 과학잡지 편집인인 휴고 건스백(Hugo Gernsback)이 1923년에 「과학과 발명」(Science and Invention, 그림 4-3)지에서 사이언티픽션(Scientifiction)이라는 용어를 처음 사용한 이후, 1926년에 보다 대중적인 SF 소설들로만 이루어지는 잡지인 「어메이징 스토리」(Amazing Stories, 그림 4-4)를 발간하고 1929년 자신의 소설 Ralph 124C41+에서 공식적으로 SF라는 용어를 사용함으로써 일반 대중들 사이에 정착이 되고 있다.[7]

SF의 탄생은 19세기의 산업혁명과 과학, 기술의 발전으로 인한 새로운 과학적 세계관에 대한 관심으로부터 이루어졌다고 볼 수 있다. 즉 모더니즘의 탄생 배경과 마찬가지로, 19세기의 사회적, 기술적 대변혁은 인류로 하여금 미래를 새로운 흥분과 두려움의 양면적 개념으로 받아들이도록 하였으며, 그것은 강력한 상상력을 불러 일으켜 소설의 영역에서부터 기존

6) 물론 역사가들 중에는 스위프트의 「걸리버 여행기」(1726)나 토마스 모어의 「유토피아」, 혹은 플라톤의 「공화국」같은 상상문학까지를 SF의 계보에 넣는 자들도 있지만 그러한 것들은 과학에 기초하지 않았으므로 SF의 범주에 들지 않는다고 보는 견해가 지배적이다. Robert Scholes and Eric S. Rabkin, Science *Fiction:History,Science, Vision,* 김정수, 박오복역, 「SF의 이해」,평민사,1993, pp. 14-15 참조.

7) *Ibid*., p. 56.

의 사실주의적 수법과는 다른 미래의 환상을 주제로 한 작품을 탄생시키게 되었다고 보아야할 것이다. 인간의 상상력은 그 시대를 지배하는 세계관에 의해 크게 영향을 받는 만큼, 19세기의 새로운 과학적 사상과 기술의 발견은 메리 셸리의「프랑켄슈타인」이후 1세기에 걸쳐 수많은 미래의 공상적 가능성을 다룬 소설들을 양산하도록 했다고 볼 수 있다.

SF의 초기 작품들은 주로 포우(E. A. Poe)와 같이 우주의 본질에 대해 형이상학적인 관점으로 접근하는 관념적 작품들과 쥘 베르느와 같이 발전된 기술을 이용하여 국부적인 공간 정복을 강조하는 19세기 SF의 자연과학적인 기술적 유토피아 작품들로 이루어진다.[8)] 그러나 1920년대와 30년대를 거쳐 SF는 미국쪽의 대중잡지를 중심으로 한 낭만적, 낙관적 미래의 작품들과 유럽쪽의 암울한 정치적 상황을 배경으로 한 반유토피아 혹은 디스토피아 소설의 두 가지 부류로 나뉘었으며,[9)] 이러한 전통은 1950년대 이후 다양한 대중 매체를 통해 문학 외의 영역에서 중요한 이슈로서 영향을 미치게 될 때까지 지속되고 있다. 1950년대 이후 SF의 주요 주제들은 건축 및 도시의 미래적 비전에 가장 직접적인 영향을 미친다고 할 수 있는 지구의 미래사회의 예견을 비롯하여 지적 생활(생명체)의 행태에 대한 상상적 탐구, 다른 세계에서의 그들의 사회들을 포함한다.

SF는 2차 세계대전 후의 대중적 유행 속에서 고급 예술, 특히 팝아트의 영역에서 중요한 자리를 차지하였으며 라디오와 TV, 그리고 특히 영화를 통해 건축의 미래관에 영향을 미쳤다고 할 수 있다.[10)] 이 가운데에서 SF의

8) *Ibid*., p. 20.

9) *Ibid*., p. 42.

10) 에릭 랍킨(Eric Rabkin)은 SF 영화의 역할을 다음과 같이 설명한다: "우리의 과학과 기술이 변화하고, 우리를 변화시키듯이, SF 영화의 의무는 우리에게 우리 자신과 그런 변화들을 실험하기 위해 항상 그것이 할 수 있는 가장 예술적인 경험을 주고, 그것들을 질문하고, 우리 세계를 가장 현명한 방식으로 재구성하는 것이다." B. Landon, *The Aesthetics of Ambivalance: Rethinking Science Fiction Film in the Age of Electronic(Re)production,* Connecticut/London, 1992, p. 159.

시대적 변천에 따라 예술, 특히 건축의 미래적 비전에 영향을 미쳤던 SF 미래관의 중요한 방향은 크게 다음의 3가지의 관점으로 분류될 수 있다: 첫째, 쥘 베르느의 작품들에서 나타나듯이 새로운 과학과 기술의 하드웨어적인 면을 강조함으로써 인간 동기의 문제나 기술적 진보의 대가를 소홀히 하는 반면, 기술적인 면에서 기쁨을 찾는 기술의 유토피아적 관점; 둘째, 에드워드 벨라미(Edward Bellamy)의 사회적 문제의 관심과 4차원 및 시간의 문제를 다룸으로써 '다른 세계'나 먼 미래가 아닌 지구의 현재를 포함한 가까운 장래의 발전없는 모습을 예견하는 것으로부터 웰즈(H.G. Wells)나 예프게니 잠야틴(Yevgeny Zamyatin), 올더스 헉슬리(Aldous Huxley), 조지 오웰(Grorge Owell) 등의 작품에서 나타나듯이, 인류의 미래가 발전된 기술로 인하여 유토피아적 사회를 이루는 대신 정치적인 전체주의와 기술적으로 통제된 사회를 이룰 것이라는 디스토피아적 관점; 세째, 그래엄 발라드(James Graham Ballard)나 윌리엄 버로우즈(William S. Burroughs), 윌리엄 깁슨(William Gibson)과 같이 기본적으로 디스토피아적 관점으로부터 출발하여 기술의 발전에 따른 대가를 우려하면서도 그것을 전적인 디스토피아적 관점으로 보지 않고, 피할 수 없는 현실로 보고, 이상과 현실, 악몽들이 혼재된 속에서 기술을 오히려 적극적으로 이용함으로써 궁극적 디스토피아를 피하려는 헤테로토피아적 관점.

4.3. SF와 건축의 관계

20세기의 건축 디자인은 기술의 발전과 기계미학이라는 새로운 세계관에 의해 가장 큰 영향을 받았다고 할 수 있다. 그리고 이러한 새로운 과학적 세계관을 예술적으로 표현한 SF야말로 건축의 미래적 환상에 있어서의 중요한 모티브라고 보아야 할 것이다. 왜냐하면 건축 및 모든 예술의 디자인은 항상 변화하는 세계관을 반영하게 마련이며, SF가 자신의 전제조건으로 하는 과학 자체가 토마스 쿤(Thomas Kuhn)이 「과학혁명의 구조」에서 밝혔듯이, 세계관의 수많은 재조정을 강요하고, 그러한 세계관의 변화를 주도하기 때문이다.[11] 물론 SF는 현실을 그대로 반영하는 것이 아니며, 현실의 가능한 과학적 사실과 그것으로부터 예견이 가능한 미래의 과학과 기술을 전제로 하여 미래 사회의 다양한 가능한 모습을 그려주지만, 레이너 밴험이 주장하듯, "인간 사회에 대한 서비스로서의 건축이 인간 행위를 위한 적절한 환경, 즉 상상할 수 있는 환경의 공급으로 정의될 수 있다"[12] 는 점에서 SF에서 묘사하는 미래사회의 사회상 및 도시, 건축의 모습은 건축의 가능한 미래, 즉 '인간 행위를 위한 적절한 환경'으로 될 수 있는 것이다. SF 작가인 그래엄 발라드로부터 영향을 받은 미술가인 로버트 스미슨(Robert Smithon)이 "SF에서 발견되는 많은 건축적 개념들이...오늘날의 어떤 예술가들의 목적과 많은 점에서 유사한 새로운 종류의 기념성을 제시한다"[13] 고 한 주장은 SF가 제시하는 건축개념들이 실제 다양한 영역들로부터 예견할 수 있는 건축의 방향과 거의 일치함을 보여준다.

SF와 건축과의 관계는 특히 시각적 매체인 영화를 통해 밀접하게 나타나고 있다. 예를 들어 1920년대와 1930년대의 미래 사회를 다룬 SF 영화들은 주로 당시 유행하던 첨단의 건축 양식을 바탕으로 하여 마천루 및 다층의 도시구조들로 이루어진 유토피아적 건축과 도시의 모습을 묘사하고 있는데, 이것은 당시 근대 건축가들의 기술에 대한 낙관적 미래관을 반영한

---

11) Thomas Kuhn, *The Structure of Scientific Revolutions,* Univ. of Chicago press, 1970, pp. 15, 160–162, 208 참조. 또한 같은 작가의*The History of Science, The Essential Tension;Selected Studies in Scientific Tradition and Change,* Univ. of Chicago press, 1977; Joseph Margolis, "The Interconnection of Art and History", *Journal of Philosophy and the Visual* Arts, Academy Editions, 1989, p. 19 참조.

12) Reyner Banham, *op. cit.*, p. 51.

13) Robert Smithson, "Entropy and the New Monuments",*Artforum* 5, no.10(June 1966): in The Writings of Robert Smithson, Nancy Holt, ed., New York Univ. Press, 1979, pp. 9–18.

그림4-5. 앙데팡당 그룹

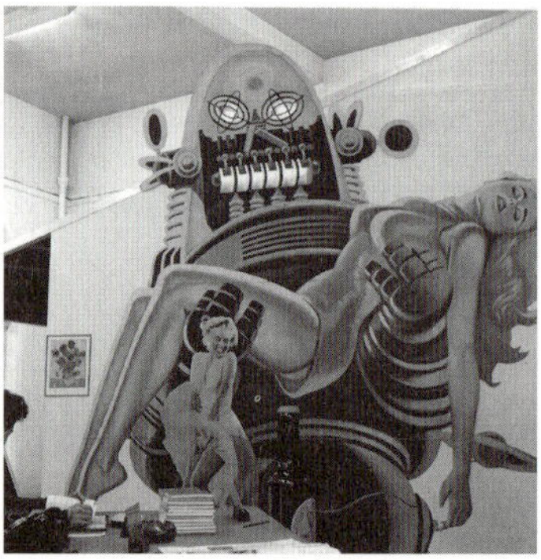

그림4-6. 금단의 혹성 로봇 이미지, 1956

그림4-7. 리처드 해밀튼, 오늘의 가정을 이렇게 다르고 매력적인 것으로 만드는 것은 무엇인가 1956

것이라고 할 수 있다. 그러나 SF의 이미지들이 현대 예술 및 건축에서 보다 직접적으로 표현된 것은 1950년대 초의 전후 문화 속에서 진행되고 있던 급격한 기술적 변화들과 대중문화의 발전으로부터 기인한다고 볼 수 있다. 예를 들어 1956년에 있었던 런던 화이트채플 갤러리에서의 「이것이 내일이다」(This is Tomorrow)전시는 당시 건축잡지 A.D.지 편집인이었던 테오 크로스비(Theo Crosby)와 건축사가인 레이너 밴험, 건축가 알리슨 스미슨(Alison Smithson)과 피터 스미슨(Peter Smithson) 등이 일련의 앙데팡당 그룹(Independent Group, 그림 4-5) 미술가들과 12개의 팀을 이루어 공동으로 기획한 것으로, 그것의 주제는 대중매체와 복합적 기술에 의해 영향받는 새로운 사회의 특수성을 보여주기 위해 당시 상영되었던 「금단의 혹성」(Forbidden Planet)의 로봇 이미지(그림 4-6)와 현대의 일상적 오브제들(그림 4-7)을 병치함으로써, 'SF의 기계적 이미지에 의한 미적 경험의 새로운 유형을 제공하고, 팝(Pop)문화를 예술의 영역으로 포함시키려는 것'[14] 이었다고 할 수 있다.

실제로 이 전시회의 구성원이었던 레이너 밴험과 스미슨 부부의 영향 아래에서 1960년대부터 십여년간 아키그램을 중심으로 하여 수많은 SF 이미지의 건축 디자인이 양산되었으며, 이후로 현대의 하이테크와 네오 모던의 다양한 미래적 디자인들의 주요한 디자인 모티브가 이러한 아키그램으로부터 시작된 SF 이미지라는 사실 역시 SF의 건축 디자인에 대한 영향을 입증해준다. SF의 건축의 미래적 비전에 대한 영향은 시대별로 20세기 초부터 1960년대 초까지의 유토피아적 비전, 1960년대 중반부터 1980년대 초까지의 디스토피아적 비전, 1980년대 중반부터 현재에까지 이르는 헤테로토피아적 비전 등의 세 가지 관점으로 분류될 수 있다.

4.4. SF와 건축의 유토피아적 비전

(1) 마천루와 다층적 도시

쥘 베르느로부터 시작된 기술의 하드웨어적 측면과 유토피아적 미래 도시에 대한 찬양은 1920년대와 30년대의 SF 영화들에서 잘 나타난다. 도널드 알브레히트(Donald Albrecht)가 주장하듯이 1920년대와 30년대의 대부분의 영화들은 사회 노동의 낙관적 모습을 제시했으며, 새로운 세계에 대한 순진한 희망을 신봉하고 있다.[15] 예를들어 프리츠 랑의 「메트로폴리스」(그림 4-8)와 스티븐 구슨(Stephen Goosoon)디자인의 「져스트 이매진」(그림 4-9), 그

14) Graham Whitham, "This is Tomorrow: Genesis of an Exhibition", in The Institute for Contemporary Art ed., *Modern Dreams, The Rise and Fall and Rise of Pop*, The MIT Press, p. 35.

15) Donald Albrecht, "Architecture and Film: Utopia Descending", in *Modulus* 18, The Univ. of Virginia Architectural Review, 1987, p. 121.

그림4-8. 프리츠 랑, 메트로폴리스, 1927

그림4-9. 데이빗 버틀러, 져스트 이매진, 1930

그림4-10. 윌리엄 멘지스, 미래세계, 1936

그림4-11. 에리히 케텔훗, 메트로폴리스 스케치

리고 웰즈의 SF 소설「미래 세계의 형태」(Shape of Things to Come, 1931)를 줄거리로 하는 코르다(Vincent Corda)와 멘지스(William Menzis)감독의「미래 세계」(Things to Come, 1936, **그림 4-10**) 같은 SF 영화들은 미래 세계를 마천루들과 높은 교각들, 그리고 다중적 층들로 이루어지는 도시로 묘사한다. 예를 들어「메트로폴리스」에서는 에리히 케텔훗(Erich Kettelhut)이 디자인한 도시와 건축들의 스케치(**그림 4-11**)에서 미스 반 데어 로에가 디자인한 유리 마천루 타워로부터 에리히 멘델존(Erich Mendelsohn)의 쇼켄 백화점의 이미지와 안토니오 산텔리아의 미래 도시 디자인, 나아가 러시아 구성주의 건축의 아키텍톤의 이미지에 이르기까지 다양한 현대 건축들로 이루어진 다층의 마천루들이

등장하며, 「미래 세계」에서는 헝가리 출신의 감독인 코르다가 르 꼬르뷔제와 페르낭 레제(Fernand Léger), 그리고 같은 헝가리 출신의 구성주의자이자 바우하우스 교수였던 라즐로 모홀리-나기(Laszlo Moholy-Nagy)에게 자문을 구해 미래의 다층적인 메트로폴리스의 모습이 나타난다.

이 영화들은 안소니 비들러(Anthony Vidler)가 표현하듯이, "건축이 실패한 곳에서 현재에 미래를 건설하는 것에 성공했다"[16] 고 할 수 있다. 「메트로폴리스」나 「져스트 이매진」에 나오는 마천루들의 모습은 물론 당시의 실제 마천루 디자인들로부터 영향을 받은 것으로, 전자가 독일 표현주의의 수법에 의해 디자인을 했다면,[17] 후자는 1980년의 뉴욕을 그리기 위해 1925년의 르 꼬르뷔제의 「보와쟁 계획」(Plan Voisin, 그림 4-12)에서 발견되는 다중적 층의 도시와 뉴욕의 일반적 마천루의 형태인 네오 고딕식 마천루들, 그리고 휴 페리스(Hugh Ferriss)의 「내일의 메트로폴리스」(The Metropolis of Tomorrow, 1929, 그림 4-13)에 나오는 셋백 형식의 마천루들을 인용하고 있다.

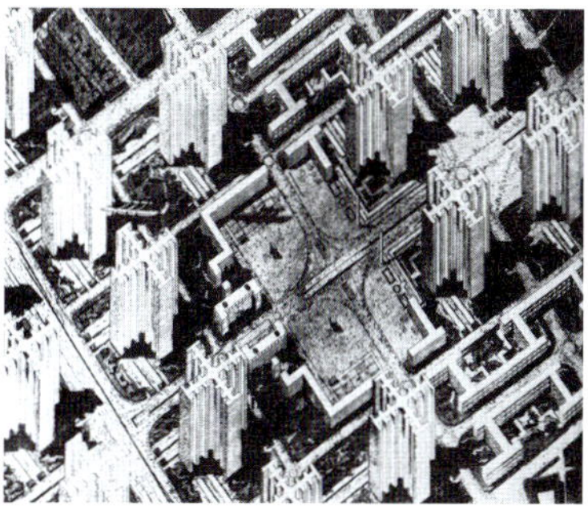

그림4-12. 르 꼬르뷔제, 보와쟁 계획, 1925

그림4-13. 휴 페리스, 내일의 메트로폴리스

16) Anthony Vidler, *Warped Space: Art, Architecture and Anxiety in Modern Culture*, Cambridge, Mass/London, 2000, p. 99.

17) 영화를 위해 에리히 케텔훗(Erich Kettelhut)이 디자인한 스케치는 미스 반 데어 로에의 표현주의식 유리 타워, 에리히 멘델존의 표현주의식 쇼켄 백화점 등의 형태들을 보여준다. Donald Albrecht, *op. cit.*, p. 122 참조.

이것은 SF 영화가 당시의 건축 디자인으로부터 영향을 받은 경우라고 할 수 있다. 그러나 영화「메트로폴리스」가 나온 2년 후 휴 페리스의「내일의 메트로폴리스」가 출판되었으며, 레이먼드 후드(Raymond Hood)의「단일 지붕 밑의 도시」(City under a Single Roof, 1931, 그림 4-14)와 "도시 내의 도시"(City within a city)인「맨해튼 1950」(그림 4-15)[18] 같은 미래의 마천루들로 이루어지는 건축 계획들이 양산되었다는 사실, 그리고 1930년대 초에 뉴욕의 중요한 마천루들인 크라이슬러 빌딩(그림 4-16), 엠파이어 스테이트 빌딩(그림 4-17), 로커펠러 센터(그림 4-18)가 세워졌다는 사실들은 SF 영화의 이미지가 마천루들의 디자인에 많은 영향을 미쳤음을 시사한다. 또한「미래 세계」에서 묘사된 모노레일 및 유리로 된 엘리베이터, 아트리움 형식의 넓은 실내의 모습들은 실제로 그 이후 대형의 건축물에서 일반적으로 사용하는 디자인으로 되었다고 할 수 있다.

그림4-14. 레이먼드 후드, 단일 지붕 밑의 도시, 1931

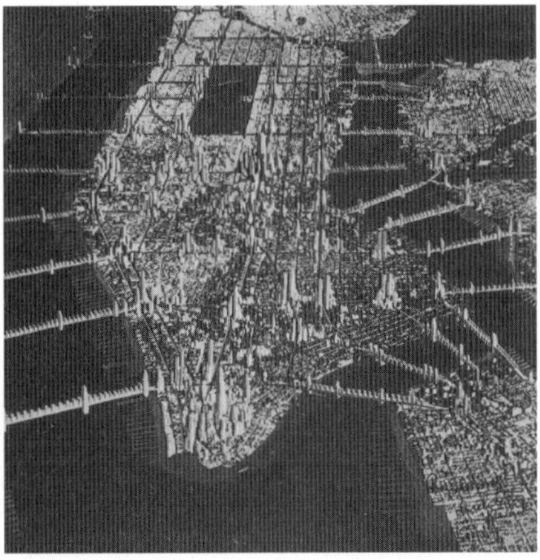

그림4-15. 레이먼드 후드, 맨해튼 1950. 섬은 촉수와 같이 뻗어 나간다...운송 라인 위로 배치되는 마천루들과 각 입구 위에 있는 공장들의 산봉우리를 보여주는 1950년의 맨해튼의 조감도. 거대한 교각들이 비즈니스 센터 속으로 유입된다...Creative Art, 1931년 8월호

18) 후드는 1950년의 맨해튼을 상상하여 그리드 하나 건너씩 남북 가로와 매 10개의 동서 가로의 교차점들에 총 38개의 산봉우리 같은 마천루들을 세울 것을 제안했다. 부수적으로 아파트가 포함된 현수교를 개발해 도로들이 건물로 되고 요새를 둘러싸는 도개교와 같은 다리들을 상상했다. Rem Koolhaas, Delirious New York, 김원갑 편저,「광기의 뉴욕」, 세진사, 2001, p. 208.

그림4-16. 크라이슬러 빌딩

그림4-17. 엠파이어 스테이트 빌딩, 1931

그림4-18. 로커펠러 센터

(2) 거대구조

SF의 유토피아적 비전은 개별적 건축으로부터 나아가 전체의 도시적 스케일을 다루려는 거대구조(megastructure)의 실험에서 가장 잘 드러난다. 이것은 실제로 1950년대 후반과 1960년대 초의 사회 경제적 상황과도 밀접한 관계가 있는데, 그 당시는 전후 고도의 경제적 성장 속에서 소비재들의 풍부함과 대중매체, 정보, 광고의 발달, 우주여행에 대한 관심, 그리고 그것으로 인한 SF의 대중적 유행 등이 있었던 시기로서, 그러한 "완성된 욕망과 항진된 공포가 이중적으로 혼재된"[19] 결과이며, CIAM의 해체이후 TEAM 10과 GEAM등의 그룹들에 의해 주도되어온 '도시의 성장과 발전'이라는 주제가 SF의 미래 기술적 개념과 혼합되어 나온 결과가 이러한 거대구조라고 할 수 있다.

물론 러시아 미래파의 흘레브니코프(Velimir Khlebnikov)도 1914년에 이미 「우리 자신과 집들」(My i doma)이라는 책에서 미래의 표준화된 1,000개-2,000개의 주거 유니트들로 이루어져 모든 주거 유니트와 캐빈들이 표준화된 치수를 가지고, 모든 도시들도 금속제의 저장용 캐빈과 골조 주택 시스템, 캐빈용 정착장을 갖추어 자유롭게 운송되고 수용되는 실험적인 거대구조의 계획[20]을 언급했다. 또한 ASNOVA의 크루티코프(Georgy Krutikov) 역시 1928년에 공중을 나는 이동식 캐빈들로 이루어지는 거대한 복합 주거

---

19) Patricia Phillips, "Why is Pop So Unpopular?", in The Institute for Contemporary Art, *op. cit.*, p. 123.

20) 주거용 캐빈들은 특수 방식의 추진과 상승 기어에 의해 모든 도시에서 골조 주택의 베이 안으로 딱 맞게 집어 넣어지도록 되었다. 마찬가지로 레저 센터에 세워지는 골조 호텔에는 주거용 캐빈들 대신 이동식 식당과 라운지 등의 공공 시설들을 수용하도록 되었다. 흘레브니코프는 나아가 도시의 경관을 다양화시키기 위해 이러한 골조 주택들을 몇가지의 기본 유형으로 다양화하여 다음과 같이 다양하게 조립될 수 있도록 계획했다: 커뮤니케이션을 위한 타워로서, 주거용 캐빈들의 반원형 단들이 부착되는 포플라(Poplar) 주택; 1,000-2,000개의 캐빈들을 위해 두 개의 타워들 사이의 수직벽들을 따라 연장되는 한 줄 내지 두 줄의 캐빈들로 이루어지는 테이프(Tape) 주택; 주거용 캐빈들을 위한 베이들을 가지며, 지면이나 수면 위에서 연결을 해주는 스팬과 타워들로 구성되는 교각(Bridge) 주택; 대규모의 중정을 가지는 원형의 골조로 표현되는 깔때기형(Funnel) 주택; 서로 비스듬한 각도로 놓여지고, 열려진 책의 모습을 하며, 베이들을 가지는 두 개의 수직적 건물인 책(Book) 주택; 중앙의 금속제 봉으로 지지되는 주거용 캐빈들의 1-3개의 집합으로 이루어지는 수염(Whisker) 주택. Selim O. Khan-Magomedov, *Pioneers of Soviet Architecture*, Rizzoli, 1987, p. 398.

들의 도시인 「비행도시」(Flying City, 그림 4-19, 20) 계획을 내놓았는데, 여기서 대지 위의 주거와 공적 건물들은 제거되고 지상은 노동과 레저, 여행의 용도로 사용되며, 지상과 공중에 떠있는 건물 사이의 소통은 전천후로 이동할 수 있는 보편적 이동 수단인 캐빈에 의해 이루어진다. 이 캐빈은 개인적인 이동 수단으로, 다용도로 이용될 수 있었는데, 공중에 있는 건물들 속으로 쉽게 연결될 수 있으며, 고정된 주거의 자율적인 이동식 부품과 같이 인식되었다. 그는 이후 「미래도시」(City of the Future, 그림 4-21)계획안에서도 세

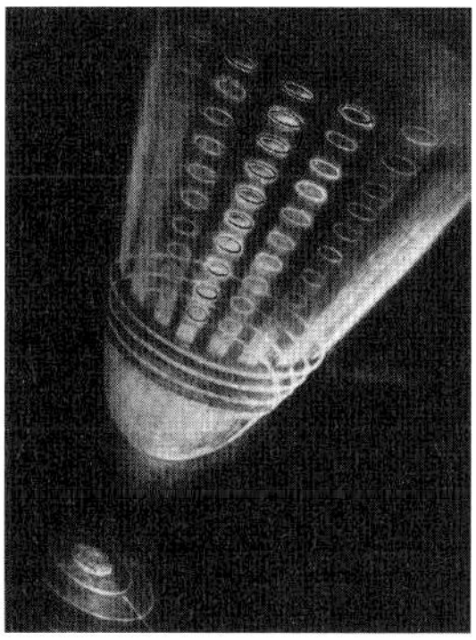

그림4-19. 크루티코프, 비행도시, 1928

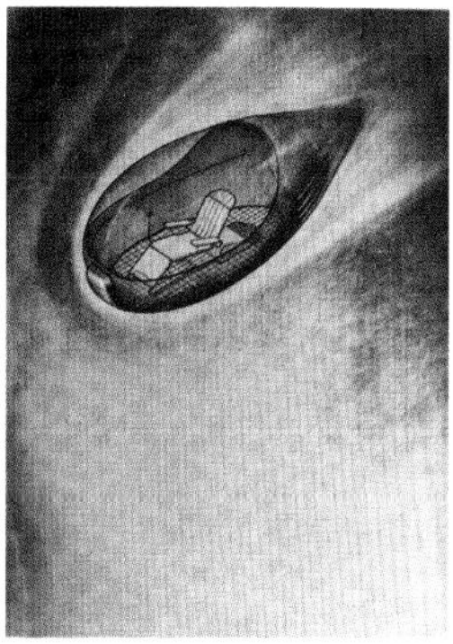

그림4-20. 크루티코프, 비행도시 이동식 캐빈, 1928(2)

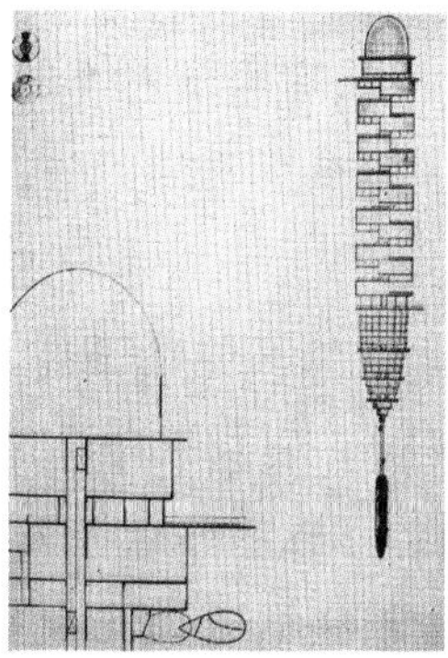

그림4-21. 크루티코프, 미래도시

가지 유형의 비행 주거동을 계획했는데, 첫 번째 유형은 하부에 원형의 상업용 건물을 가지며, 엘리베이터 축에 의해 연결되는 8개의 수직적인 5층 주거 블록들인 노동 공동체로, 각각의 층은 상부가 캐빈 유니트의 정박지와 현관, 그 위의 거실 공간으로 이루어지는 6개의 유니트로 구분되었다. 공동의 환형 건물은 이동식 캐빈들을 위한 임시적 정박지로 활용되는 벌집 모양의 세포식 공간들을 가지고 있다. 두 번째 유형은 첫 번째 유형보다 더욱 압축된 형으로, 모든 수직적 주거들은 단일의 8층 원통형 블록 내로 통합되며, 공동의 환형 내의 시설들은 하나의 공 모양의 공간 속으로 통합되었다. 세 번째 유형은 호텔 유형의 시설들을 가지는 수직적 블록으로 층을

이루는데, 그것은 통과하는 캐빈들을 위한 벌집형 주차 공간들의 층을 또한 가지며, 그 중앙부는 거주 공간으로, 상부는 공동의 이용을 위한 공간으로 남는다. 크루티코프는 비행 도시 계획을 할 때 미래에는 원자 에너지가 건물들을 쉽사리 공중으로 들어 올려줄 것으로 생각했으므로 이런 SF적 계획을 보여주었다고 보여진다.

그러나 이러한 SF적 도시 계획이 건축계의 전반적 관심을 끈 것은 SF가 소련과 미국의 치열한 우주 경쟁 속에서 대중적 인기를 얻기 시작한 1950년대 후반 이후 부터라고 보아야할 것이다. 거대구조는 이미 18세기의 르두(C.N. Ledoux) 나 19세기의 로버트 오웬(Robert Owen), 샤를 푸리에(Charles Fourier) 등의 유토피아적 공동 주거단지들(그림 4-22, 23, 24)에서 실험된 적이 있었지만 그들의 계획이 "목적과 장소 종속적으로 공간적으로 한정된 계획"[21] 을 보여주었던 반면, 1950년대 이후의 거대구조 계획들은 "우주적 응용 가능성과 조합에 기초하여, 계속된 성장과 끝없는 변화에 대한 믿음, 그리고 생물학

그림4-22. 르두, 이상적 공동체

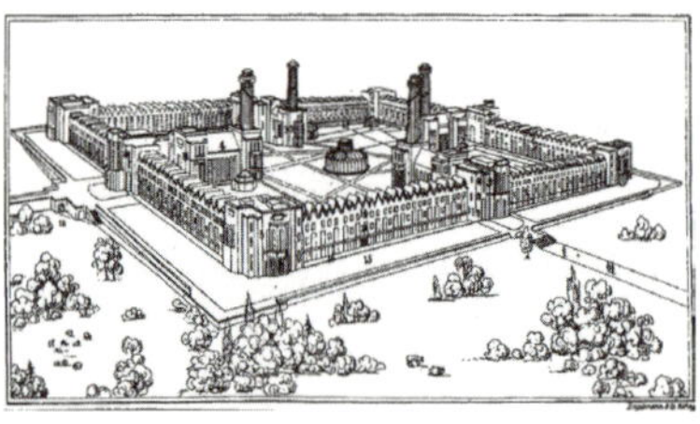

그림4-23. 로버트 오웬, 이상적 공동체 뉴 하모니

그림4-24. 샤를 푸리에, 팔랑스테르.

21) Andrea Gleiniger-Neumann, "Technologische Phantasien und urbanistische Utopien", Heinrich Klotz ed., *Vision der Moderne das Prinzip Konstruktion*, Prestel-Verlag, 1986, pp. 56-57.

에 근거한 조직적 편성과 세포들의 개념에서 거대한 은유"[22] 를 생성하는 SF적 계획이라고 할 수 있다.

1927년 힐버자이머(Ludwig Hilberseimer)의 '성장하는 주거세포들'[23] 로 이루어지는 '거대도시'(그림 4-25)의 개념이래로, 콘라드 박스만(Konrad Wachsmann)의 세포조직의 성장과 같이 무한대로 뻗어나가는 3차원적 공간구조의 실험(1953, 그림 4-26), 루이스 칸(Louis Kahn)의 거대한 고층건물계획(1957, 그림 4-27), 요나 프리드만(Yona Friedmann)의 「공중도시」계획(1956, 그림 4-28), 발터 요나스(Walter Jonas)의 역원추형으로 뻗어나가는 세포식 주거들의 전원도시인 「인트라폴리스」(1960, 그림 4-29)들은 이러한 거대구조의 양산을 가져오도록 한 초기의 구조적 실험들이다. 이러한 거대구조들은 확장 및 철거가 가

그림4-25. 루트비히 힐버자이머, 거대도시 건축, 1927

그림4-26. 콘라드 박스만, 공간구조, 1953

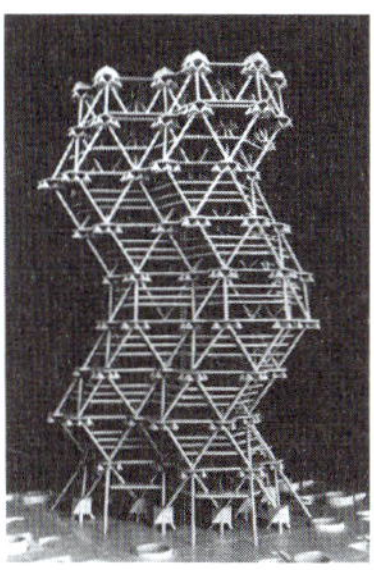

그림4-27. 루이스 칸, 앤 팅, 필라델피아 시청사 계획, 1957

그림4-28. 요나 프리드만, 공간 도시, 1958-60

22) *Ibid*.

23) Ludwig Hilberseimer, *Grossstadtarchitektur*, Julius Hoffmann Verlag, 1927, Manfredo Tafuri, *Architecture and Utopia*, 김원갑 역,「건축과 유토피아」, 기문당, 1988, p. 132 재인용.

그림4-29. 발터 요나스, 인트라폴리스.

능한 세포구조로서의 최소의 개인적 주거단위들이 무한히 확장되는 거대한 도시적 구조체 속으로 영입되는 극단적 관계를 형성하는 방식으로 되고 있다.[24)]

거대구조의 SF적 유토피아는 무엇보다도 영국의 아키그램과 일본의 메타볼리스트 그룹에 의해 가장 집중적으로 발표되고 있다. 예를 들어 아키그램은 1963년 당시 SF를 중요한 예술적 주제로 생각했던 '현대 예술협회"(The Institute for Contemporary Art)의 미래도시를 다룬 전시인「리빙시티」(Living City, 그림 4-30)전을 통해 이전의 단순한

그림4-30. 아키그램, 리빙시티, 1963

구조적 실험으로부터 벗어나 "미래의 절대적 유연성의 건축과 환경을 가상하기 위해"[25)]「걸어가는 도시」(Walking City, 1964),「플럭-인 시티」(Plug -in City, 1964),「캡슐타워」(1964),「즉석 도시」(Instant City, 1968)등의 "기술적 유토피아의

---

24) Andrea Gleiniger-Neumann, *op.cit.*, p. 58.

25) Patricia Phillips, *op.cit.*, p. 129.

미래와 이동 가능한 건물들, 거대한 구조 시스템들의 SF적 환상"[26] 을 보여준다.

마찬가지로 기쿠다케(Kiyonori Kikutake)의 「해양도시」(1963, 그림 4-31), 이소자키(Arata Isozaki)와 당게(Kenzo Tange)의 「동경만 계획」(1960, 그림 4-32) 및 「공중도시 계획」(1962), 구로카와(Noriaki Kurokawa)의 「수상도시」(1961, 그림 4-33) 같은 메타볼리스트들의 작품들로부터 볼프강 되링(Wolfgang Döring)의 「고층 건물구조」(1964, 그림 4-34), 벅민스터 풀러의 「수상 정사면체 도시」(1966), 유스투스 다힌덴(Justus Dahinden)의 「라디오 시티」(1968, 그림 4-35), 파올로 솔러리(Paolo Soleri)의 1,100m 높이에 1km 길이의 「헥사헤드론」(Hexahedron, 1969, 그림 4-36) 계획 등은 모두 1960년대의 SF 적 환상으로부터 나온 거대구조들이다.

그림4-31. 기요노리 기쿠다케, 해양도시, 1963

그림4-32. 겐조 당케, 도쿄만 계획, 1960

26) *Ibid.*, p. 126.

그림4-33. 기쇼 구로카와, 수상도시, 1961

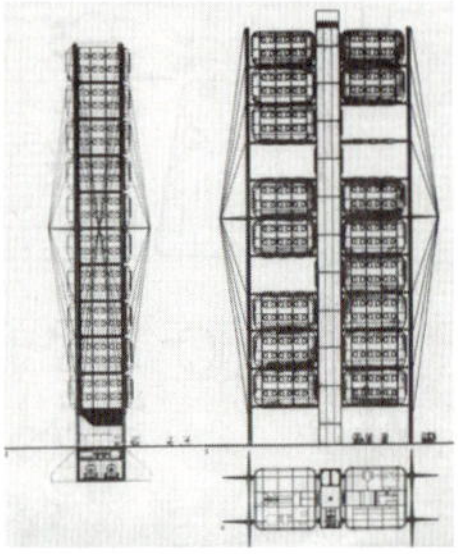

그림4-34. 볼프강 되링, 적층 유니트 주거, 1964

그림4-35. 유스투스 다힌덴, 라디오 시티, 1968.

그림4-36. 파올로 솔러리, 헥사헤드론

그림4-37. 기쇼 구로카와, 나가킨 캡슐, 1973

이러한 거대구조들은 유형별로 "세포식 단위들의 집적체, 클립-온, 플럭-인 식의 부품교체식 구조, 교량구조, 콘테이너식 구조, 해저구조, 사선형 구조, 생물체적 구조"[27] 등의 형식들로 분류될 수 있다. 그러나 이러한 거대구조들이 실제로 10년 후인 1973년 구로카와의 「나가킨 캡슐 빌딩」(그림 4-37)에서 교체 불가능한 상태로 형식적으로만 실험되었으며, 그것의 실현에 실패한 이유는 레이너 밴험이 주장하듯,

27) Justus Dahinden, *Urban Structures for the Future*, Praeger Publishers, 1972, pp. 20–40.

'거대구조의 형식적 개념이 건축에 적용할 수 있는 실제의 기술보다는 기술의 건축적, SF적 개념에 의존했기 때문'[28] 이라고 보아야 할 것이다.

(3) 최소공간 건축

거대구조의 실험은 그것의 구성요소로서 최소의 공간에 대한 실험을 수반하고 있다. 거대구조가 전제로 하고 있는 건축과 도시의 생체적 성장과 확산은 최소 단위로서의 세포를 형성하는 주거 유니트들을 필요로 했기 때문이다. 또한 이러한 최소 공간의 실험은 당시 SF에서 많이 다루었던 우주공간에서의 거주 개념, 즉 최소의 공간 속에 최대한의 거주 시설들을 포함하는 캡슐건축(그림 4-38)에 대한 관심으로부터 발전되었다고도 할 수 있다. 글라이니거-노이만(A. Gleiniger-Neumann)의 "세포 및 결정체 구조에 대한 생물학적 유사성과 우주여행에서 얻은 상상 세계로 인하여 도시 건설적 단위와 배열로서의 세포구조와 캡슐에게 주요 기능이 부여된다"[29] 는 주장은 SF 이미지와 도시 구성체로서의 최소 캡슐과의 관계를 설명해준다. "세포의 개념은 성장 가능성과 동일 형태의 구조를 임의의 크기와 형태로 생성할 가능성에 대한 비유를 제공하는 것으로, 그것으로부터 건축적으로 캡슐의 개념이 미래의 도시적 비전을 제시하는 것이다".[30]

그림4-38. 워렌 초크, 캡슐 홈 타워, 1964.

최소공간으로서의 캡슐은 이미 1927년에 벅민스터 풀러의 「다이맥시온 주택」에서 실험된 바 있으며, 그후 1960년대의 우주 탐험에 관한 SF의 유행과 함께 건축의 새로운 미래적 대안으로 다양하게 등장하고 있다. 발터

28) Reyner Banham, "Megastructure" *A.D.* 7/75, p. 400.

29) Andrea Gleiniger-Neumann, *op.cit.*, p. 60.

30) *Ibid*.

요나스의 「인트라폴리스」를 구성하는 단위주거들, 샤네악(Chanéac)의 「다기능적 세포구조」(Cellules polyvalentes, 1961, 그림 4-39) 들로부터 아키그램(그림 4-40, 41)과 메타볼리스트들의 다양한 캡슐타워들은 1960년대의 유토피아적 비전 속에서 SF 소설 속의 "우주비행사의 공간캡슐과 같이, 그 속에서 고립, 오물처리, 환기, 에너지 공급, 온도조절을 위한 모든 시설들이 최대한으로 적재되는 최소공간의 건축"[31] 의 예들이다.

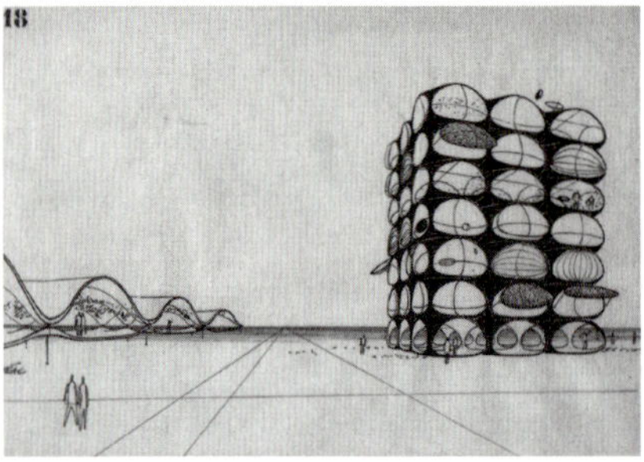

그림4-39. 샤네악, 다기능적 세포구조, 1961

그림4-40. 데이비드 그린, 리빙-포드, 1967

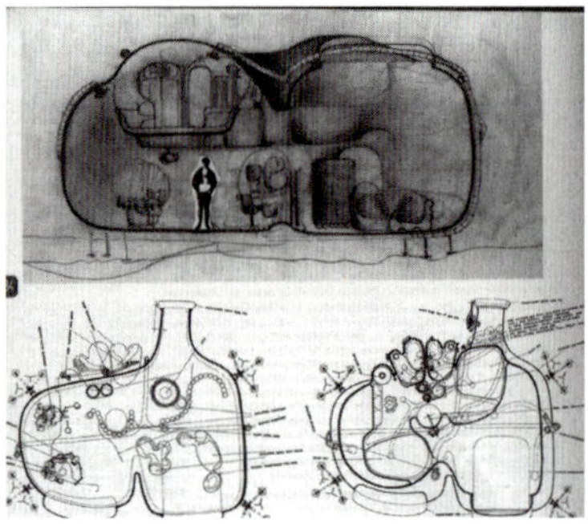

그림4-41. 데이비드 그린, 리빙포드 단면과 평면, 1967

(4) 부드러운 건축 / 공기 부풀림식 건축

1960년대 후반의 또 하나의 유토피아적 관점은 기술적 발전으로서의 하드웨어를 넘어서서 물리적 환경의 부드러운 소프트웨어적 표현이 가능하다는 관점으로도 나타난다. 1955년 리처드 해밀턴(Richard Hamilton)이 「인간, 기계, 운동」(Man, Machine and Motion) 전시(그림 4-42)에서 보여주었던 "회색의

31) *Ibid.*

플라스틱과 금속, 스위치들의 하드웨어적 SF 이미지"[32] 가 이전의 SF의 이미지였다면, 로저 바딤 감독의 SF 영화 「바바렐라」(Barbarella, 1968, 그림 4-43)는 대응적인 환경, 즉 "부드럽고, 굴곡지고, 휠 수 있고, 연속적이고, 숨쉬고, 적용 가능한 표면들의 환경"[33] 을 보여준다. 이 영화에서 표현되는 건축 공간은 "초개인적이고 새로운 재료들로 가득 차는 전체적인 실내 공간으로, 예를 들어 깃털들과 아무런 기능도 없는 듯이 나타나는 내장 같은 돌기들로 가득하다".[34] 여기서 특히 주목할 만한 것은 바바렐라가 거주하는 우주선 내의 모피로 뒤덮힌 실내 공간(그림 4-44)과 투명하고 신축적인 침대(그림 4-45), 공기 방울과 같은 소파(그림 4-46), "바바렐라가 관통하는 완전히 의미없는 플렉시 글래스 튜브(그림 4-47)"[35] 와 같이, 부풀려지거나 팽창되고, 잡아당겨지는 투명한 플라스틱 막과 유선형의 디자인으로서, 이것은 기술적 유토피아의 상징으로 표현되는 하드웨어의 초월을 의미한다. 「바바렐라」의 주제는 레이너 밴험이 주장하듯, "하드웨어가 오류로 되고 소프트웨어가 승리를 하는 것이다."[36]

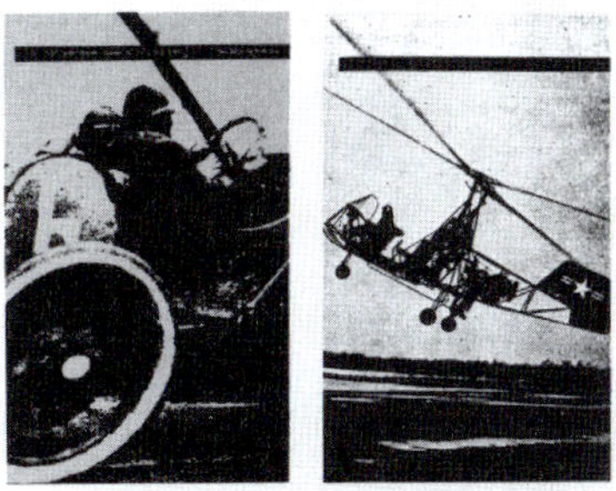

그림4-42. 인간, 기계, 운동 전시, 1955

그림4-43. 바바렐라, 1968

32) Reyner Banham, "Triumph of Software", *Design by Choice*, p. 133.

33) *Ibid.*, p. 134.

34) Lara Schrijver, *op. cit.*, p. 37.

35) *Ibid.*, p. 38.

36) Reyner Banham, *op. cit.*, p. 135.

그림4-44. 바바렐라 우주선 내부의 부드러운 모피 공간 , 1968

그림4-45. 바바렐라의 투명한 침대

그림4-46. 바바렐라의 공기 방울 같은 소파.

그림4-47. 바바렐라의 플렉시 글래스 튜브

예를 들어 바바렐라의 우주선은 종종 파괴되고, 혁명 전사의 전자 기계 장치는 그가 필요로 할 때마다 고장이 난다. 또한 우주인 듀란듀란의 쾌락적 살인 기계(그림 4-48)는 바바렐라를 쾌락으로 죽게하는데 실패하고 거꾸로 그녀의 육체적 탐욕으로 인해 불타고 망가진다. 나아가 영화의 배경이 되는 도시의 기념비적 구조는 지하의 생체적 소프트웨어(matmos, 그림 4-49)에 의해 완전히 파괴되는 것으로 결말이 난다. 나아가 영화에 등장하는 돌기형의 우주선(그림 4-50)과 새장 모양의 건축물(그림 4-51), 돛을 단 썰매 차량(그림 4-52) 등 모든 구조물들은 부드러운 부풀림식 풍선형의 디자인으로 표현된다. 결과적으로 하드웨어로서의 견고한 건축의 포기는 부드럽고 투명한 풍선과 같은 공기 부풀림식(pneumatic) 공간으로 나타나고 있다.

그림4-48. 듀란듀란의 쾌락적 살인 기계

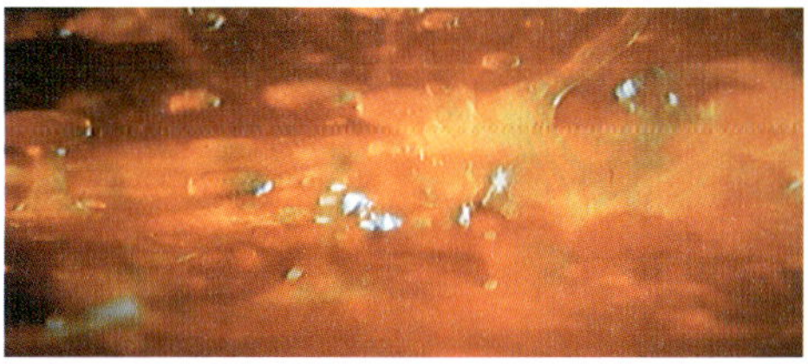

그림4-49. 지하의 생체적 소프트웨어

그림4-50. 바바렐라에 등장하는 부드러운 돌기형 우주선

그림4-51. 바바렐라의 새장 모양 건축물

그림4-52. 바바렐라의 풍선식 썰매 차량

1968년 당시 비엔나의 실험적 건축 그룹들인 한스 홀라인(Hans Hollein)의 공기로 부풀려진 「이동식 사무실」(Portable Office, 1968, 그림 4-53), 코프 히멜블라우(Coop Himmelblau)의 「미래주거」(1972, 그림 4-54)과 빌라 로자(Villa Rosa, 1968, 그림 4-55, 56), 천체 풍선(Astroballon, 1969, 그림 4-57), 흰색 의복(The White Suit, 1969, 그림 4-58), 하우스 루커 컴패니(Haus-Rucker-Co)의 「풍선구조」(1967, 그림 4-59)와 공기 부풀림식 공간 캡슐인 「노란 심장」(Gelbes Herz, 1968, 그림 4-60)과 투명 헬멧형의 최소 공간인 「환경 변형기」(Environmental Transformer, 1968, 그림 4-61, 62) 들은 1960년대 후반의 이러한 부드러운 건축구조의 예들이다. 물

그림4-53. 한스 홀라인, 이동식 사무실, 1968

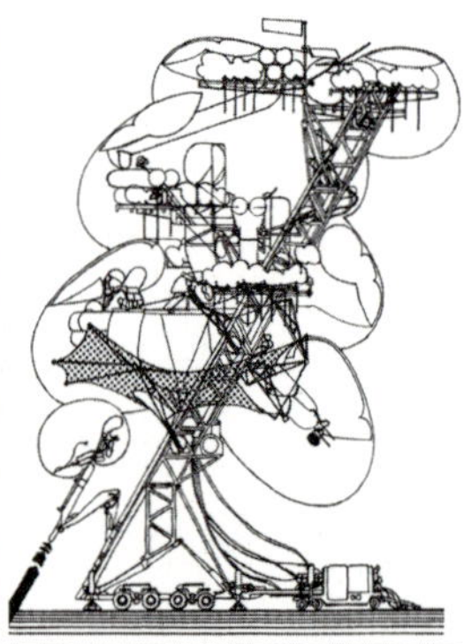

그림4-54. 코프 히멜블라우, 미래주거, 1972

론 이러한 공기 부풀림식 구조는 이미 1950년대부터 선을 보였다. 예를 들어 월터 버드(Walter W. Bird)가 디자인한 라돔 펜타돔(1955, 그림 4-63)과 공기 주입식 수영장(1957, 그림 4-64), 혹은 1950년대 말 프라이 오토(Frei Otto)의 비눗방울 실험들(그림 4-65)은 모두 당시의 부풀림식 구조의 실험들이다.

그림4-55. 코프 히멜블라우, 빌라 로자, 1968

그림4-56. 코프 히멜블라우, 빌라 로자, 1968

그림4-57. 코프 히멜블라우, 천체풍선, 1969

그림4-58. 코프 히멜블라우, 흰색 의복, 1969

그림4-59. 하우스-루커 컴패니, 풍선구조, 1967

그림4-60. 하우스-루커 컴패니, 노란 심장, 1968

그림4-61. 하우스-루커 컴패니, 환경 변형기, 1968

그림4-62. 하우스-루커 컴패니, 환경 변형기, 1968

그림4-64. 월터 버드, 수영장의 공기 주입식 구조, 1957

그림4-65. 프라이 오토, 비눗방울 실험

그림4-63. 월터 버드, 라돔 펜타돔, 1955

영국의 실험적 건축 그룹 아키그램의 디자인에서도 공기 부풀림식 구조는 1960년대 SF의 영향을 받아 다양한 방식으로 나타난다. 피터 쿡의 공기 주입식 이동 마을(1966, 그림 4-66), 마이클 웹의 이동식 텐트 기어인 쿠쉬클(1966)과 수탈룬(1968), 혹은 데이비드 그린의 밀라노 트리에날레에 선보였던 공기 부풀림식 의복(Inflatable Suit, 1968, 그림 4-67), 피터 쿡의 풍선에 매달린 이

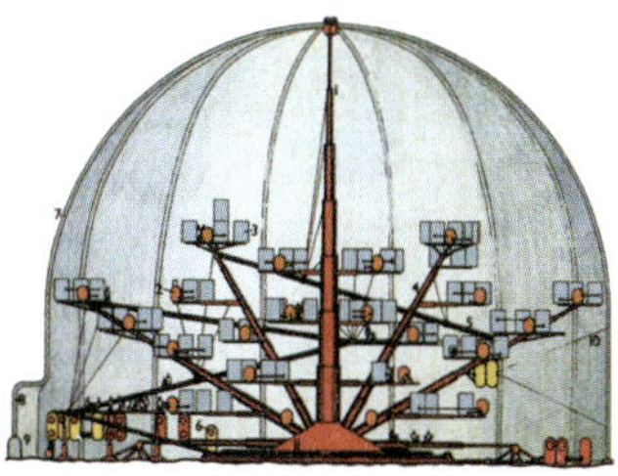

그림4-66. 피터 쿡, 공기 주입식 마을 완성상태, 1966

그림4-67. 데이비드 그린, 밀라노 트리에날레 부풀림식 의복 부풀린 상태의 전시, 1968

그림4-68. 아키그램, 즉석도시, 1968

동식 임시 도시 구조인 인스턴트 시티(1968, 그림 4-68) 등은 모두 당시 SF적 상상력에 영향을 받은 부풀림식 구조들이다.

공기 부풀림식 구조는 1967년 프랑스의 실험적 건축 그룹인 유토피 그룹(Utopie Group)에 의해 본격적으로 실험이 된다. 이들은 파리 68혁명의 분위기 속에서 모든 것으로부터의 해방을 부르짖으며 사회학자인 위베르 통카(Hubert Tonka)와 철학자 장 보드리야르(Jean Baudrillard), 르

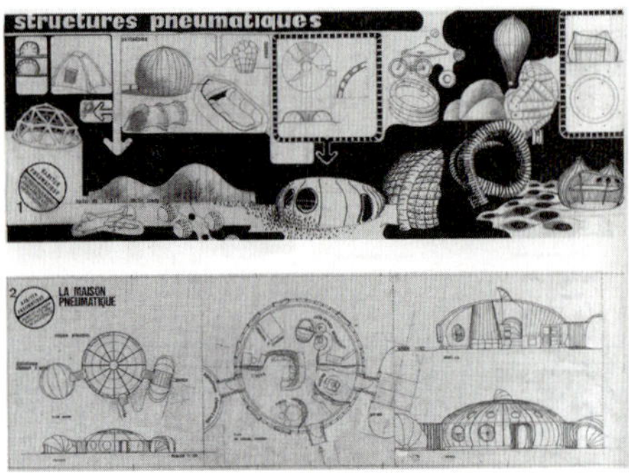

그림4-69. 유토피 그룹, 파리 비엔날레 공기구조식 경제적 이동식 주거전, 1967

그림4-70. 장 오베르, 5,000 관중을 위한 이동식 극장, 1967

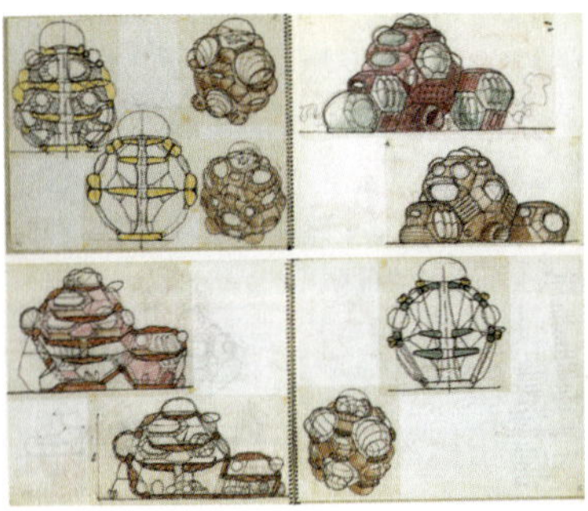

그림4-71. 장-폴 융만, 디오돈, 1967

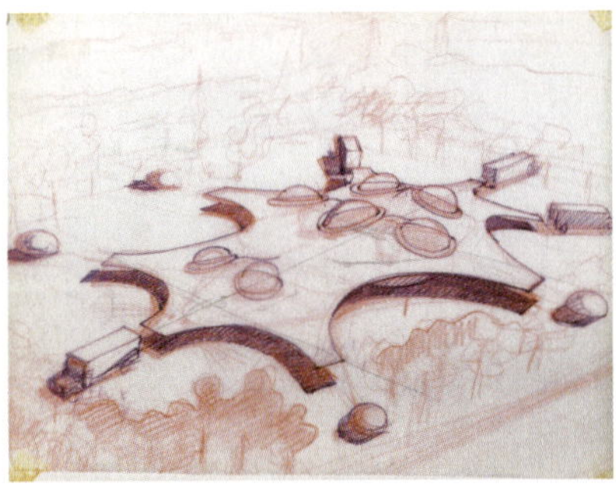

그림4-72. 앙트완 스텡코, 일상적 대상들의 이동식 전시를 위한 홀, 1967

네 루로(René Lourau), 앙리 르페브르(Henri Lefevre), 그리고 일련의 급진적 건축가인 장 오베르(Jean Aubert), 장 폴 융만(Jean-Paul Jungmann), 앙트완 스텡코(Antoine Stinco) 들이 모여 함께 만든 그룹으로, 다양한 공기 부풀림식 구조물들을 보여주었다. 파리 비엔날레에서 전시한 공기 부풀림식 경제적 이동식 주거전(Pneumatic Living-Economical-Mobile, 1967, 그림 4-69), 전체 24.5t 무게에 직경 80m, 높이 27m의 규모로 디자인된 장 오베르의 5,000 관중을 위한 이동식 극장(1967, 그림 4-70), 일광욕실, 관측소, 냉방실, 휴게용 버블, 실내 수영장, 온실, 조류 방사장 등 다양한 기능의 공간들과 공기, 물, 채색된 개스, 헬륨, 흙 등의 다양한 재료로 채워지는 투명, 반투명의 정방형, 육각형, 팔각형의 패널들로 이루어지는 다중적 외형을 지니는 장 폴 융만의 디오돈(Dyodon, 1967, 그림 4-71), 4개의 공기 주입식 장력의 구체들과 보강용 막으로 이루어지는 앙트완 스텡코의 일상적 대상들의 이동식 전시를 위한 홀(1967, 그림 4-72) 등은 모두 유토피 그룹의 이러한 공기 부풀림식 건축물들의 실험 예들이다.

이 모든 예들은 1969년 SF적 상상력의 결정적인 실현으로 아폴로 11호를 통해 인류가 역사적인 달 착륙을 하기 직전 해이자, 68혁명을 통해 모든 실험적 열기가 최고의 절정에 이르렀던 1968년 당시 SF 영화에서 보여주었던 실험적 상상력의 영향 속에서 건축의 고정성과 견고함을 부정하고 "공공 공간에서의 일시적 설치, 변화, 가변성 등의 개념을 실험한 것"[37] 이라고 할 수 있다.

37) Torsten Schmideknecht, "The Ephemeral in the work of Haus-Rucker-Co", *A.D.*,9/10, 1998, p. 38.

(5) 우주도시

대부분의 SF가 주로 우주 공간을 무대로 했듯이, 1960년대의 미래적 건축의 비전은 지구를 벗어나 우주 공간으로까지 확대되고 있다. "도시는 계속 땅 위로 발전, 확장하는 대신에 공간 및 우주시대가 시작되었고, 인간의 식민지 개척은 우주를 향하게 될 것이다"[38] 라는 글라이니거-노이만의 주장이나 요나 프리드만의 '공간의 식민지화'[39] 에 대한 주장들은 건축의 SF적인 미래적 비전으로서의 우주 도시를 예견하고 있다. NASA에서 제작한 우주의 거주지 모형들을 비롯하여 벅민스터 풀러의「맨해튼을 위한 지오데식 돔」(1962), 야니스 크세나키스(Iannis Xenakis)의 5백만 주민을 위한 5km 높이의 차원 이동적인「우주도시」(ville cosmique, 1964, 그림 4-73) 들은 우주시대의 도시를 위한 SF적 계획들의 예이다. 나아가 수퍼스튜디오 역시 그들이 가장 실험적으로 활동하던 당시인 1969년부터 1971년 사이에 아폴로 프로젝트에 영향을 받아「크리스마스를 위한 12개의 경고적 이야기들」이라는 아티클과 함께 12개의 이상적 도시들을 발표한다. 여기서 네 번째의 도시로,

그림4-73. 야니스 크세나키스, 우주도시, 1964

그림4-74. 수퍼스튜디오, 우주선 도시, 1971

38) *Ibid.*, p. 56.

39) *Ibid.*

"50m 지름의 크기를 가지고, 중앙에는 출발 당시부터 우주선의 궤도를 조종하고 추진력을 가져 우주선과 승무원들의 생존에 필요한 모든 장비를 갖춘 8m의 핵을 가지며, 외곽의 고리 형태의 부분은 각각 아래층은 여성, 윗층은 남성을 수용하는 두 개 층의 캐빈들을 가지는 80개 구역들로 나뉘어 156명의 승무원들을 수용하도록 되고, 매번 80년간의 진화 주기를 마치도록 회전하는 SF적 우주선 도시"[40](그림 4-74)를 발표한다.

4.5. SF와 건축의 디스토피아적 비전

초기의 SF가 과학과 기술의 발전에 대한 낙관적 견해로 인해 유토피아적 비전을 보여주었던 반면, 에드워드 벨라미와 웰즈의 사회적 관점, 그리고 1920년대와 30년대 유럽의 정치적 분위기 속에서 그 이후의 SF는 미래를 디스토피아적 관점으로 보기 시작했으며, 기술의 발전이 인류를 재앙으로 몰고 갈 것이라는 관점이 대두되었다고 할 수 있다. 1960년대 중반 이후의 건축 역시 이러한 디스토피아적 미래관을 따르고 있다.

(1) 현재적 시각의 건축

SF의 유토피아적 비전의 상실은 기술의 발전이 인류와 사회, 그리고 물리적인 도시환경의 전반적 발전으로 이끌지 않을 것이라는 관점으로 이어지고 있다. 예를 들어 그래엄 발라드는 "SF가 먼 미래가 아니라 현재의 이곳에, 그리고 외계의 혹성이 아니라 50년대 중반의 이 세계에서 진행되고

40) Peter Lang, William Manking, *Superstudio, Life Without Objects, Skira,* 2003, p. 152.

있는 것에 관심을 가져야 한다"[41] 고 주장하며, 자신의 소설들[42] 에서 미래의 하이테크적 하드웨어를 배제하고 현재의 지구를 배경으로 엔트로피적 경향 속에서 점차 악화되는 지구의 환경을 묘사한다.

그림4-75. 장 뤽 고다르, 알파빌, 1965

1965년 장 뤽 고다르(Jean-Luc Godard)가 감독한 영화 「알파빌」(Alphaville, 그림 4-75)은 미래 도시인 알파빌에서 기계들이 점점 자신들에 관해 사고하고 인간을 불필요하게 여기기 시작하며, 금속성의 소리를 가진 지능 기계인 알파60이 인간을 부정하는 독백을 하는 가운데 기계의 논리성이 결국 인간을 파괴하는 장면을 보여준다. 여기서 묘사되는 도시와 건축은 당시 파리에 이미 존재하는 모더니스트적인 고층의 교외 주거지들(banilieues)들로, 이것은 미래의 도시와 건축 역시 특별히 발전하지 않고, 현재의 모던 합리주의로 결과된 모던 건축의 차가움, 엄격함, 순수함, 효율성 들이 초래한 디스토피아적 모습을 그대로 답습한다는, "모던 유토피아들의 디스토피아적 양상들을 명백히 보여준다".[43]

1968년 스탠리 큐브릭(Stanley Kubrick)감독의 SF 영화 「2001년 우주여행」(2001: A Space Odyssey)은 이전의 SF 영화들이 묘사했던 미래세계의 환상적 디자인 대신 2001년의 무대로서 1960년대 후반의 평범한 건축 공간(그림 4-76)을 보여주는 반모더니스트적 현재의 시각적 문화를 보여준다. 이것

41) J. G. Ballard, "From Shanghai to Shepperton", *RE/SEARCH*, no.8/9, 1984, p. 121, Eugenie Tsai, "The Sci-Fi Connection: the IG, J.G. Ballard, and Robert Smithson", in *Modern Dreams*, p. 72 재인용.

42) 예를 들자면 *Terminal Beach*(1964)나 *The Atrocity Exhibition*(1970), *Concrete Island*(1974) 같은 소설들을 참조.

43) Lara Schrijver, *op. cit.*, p. 34.

은 컴퓨터에 의해 인간이 지배당하게 되는 영화의 내용과 같이 디스토피아적 미래관을 보여주며, 건축 환경 역시 특별히 급격한 발전을 이루지는 못할 것이라는 관점을 표현한 것이다. 이것으로부터 1970년대의 도시를 탈피한 전원적 생태건축들의 계획, 그리고 포스트 모던의 과거 지향적인 고전적 형태와 산업혁명 이전의 도시 환경으로 되돌아가려는 향수적 취향의 건축들은 근대의 기술적 유토피아에 대한 부정적 시각으로부터 나온, 더 이상의 기술적 발전과 개발을 억제하려는 디스토피아적 관점의 현재적 시각에 의한 건축이라고 볼 수 있을 것이다.

그림4-76. 스탠리 큐브릭, 2001 스페이스 오디세이, 1968.

(2) 폐허의 건축

디스토피아적 미래관의 절정은 지구의 도시들이 핵 전쟁의 재앙으로 인해 완전히 파괴되고 폐허로 남게 된다는 예견으로 표현된다. 냉전과 월남전의 확전으로 인한 핵전에 대한 공포는 피에르 부르(Pierre Boulle)의 SF 소설을 바탕으로 한 1968년의 「혹성탈출」(The Planet of Apes, 그림 4-77)시리즈에서 미래의 지구를 핵전 이후 모든 것이 파괴된 상황에서 원숭이들에 의해 지배되는 사회로 그리고 있으며, 1978년의 「매드 맥스」(Mad Max)를 시작으로 한 세편의 시리즈(그림 4-78), 그리고 필립 K.딕(Philip K. Dick)의 「앤드로이드는 전기 양을 꿈꾸는가?」(Do Androids Dream of Electric Sheep?, 1969)를 원작으로 한 1982년의 SF 영화 「블레이드 러너」(Blade Runner, 그림 4-79)는 핵전 이후 완전히 파괴되어 사막화된 세계에서 원시적 형태의 건축적 폐허를 중심으로 약육강식으로 살아가는 사회와 역시 핵전 이후 계속 산성비가 내리는 가운데 20세기의 건축물들이 그대로 폐허로 남아 마치 고철 덩어리와 같이 된 채, 2019년에 모든 과거의 역사와 미래의 기술이 혼합되어 있는 모습들(그림 4-80, 81)을 각각 보여준다. 여기서 "미래의 로스앤젤레스는 포스트 모던 도시의 디스토피아적 모습으로, 홀로그램 간판과 네온사인들로 번쩍이는 어두운 거리와 그치지 않는 비 등으로 전체적인 디스토피아로 표현된다."[44]

그림4-77. 혹성탈출, 1968

그림4-78. 매드 맥스

그림4-79. 블레이드 러너

그림4-80. 블레이드 러너의 폐허 건축물

44) bid., p. 42.

그림4-81. 블레이드 러너의 디스토피아적 도시

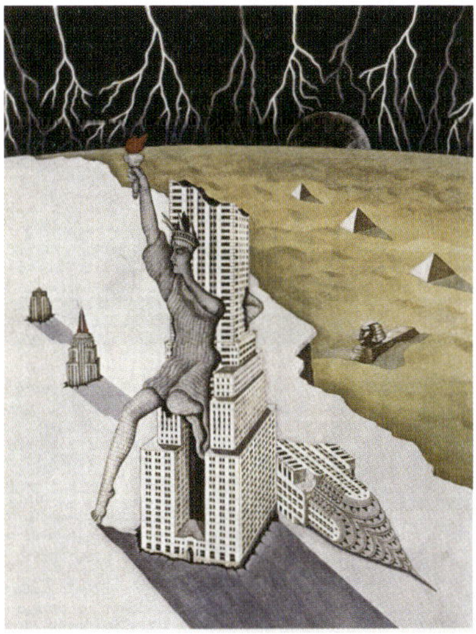

그림4-82. OMA, 자유의 꿈, 1974

미래의 폐허로서의 건축 이미지는 1970년대 후반부터 1980년대에 이르기까지 많은 건축가들의 사고를 지배하고 있는데, OMA의 「자유의 꿈」(Sogno di Libertà, 1974, 그림 4-82), 닐스 올레 룬트(Nils-Ole Lund)가 꼴라쥬한 제임스 스털링의 건물이 폐허로 남은 「건축의 미래」(1981, 그림 4-83), 에토레 소사스(Ettore Sottsass)의 「멈추어 버린 걸어가는 도시」(Walking City, Standing Still, 1973, 그림 4-84)들은 건축의 미래를 모더니즘의 극단적 상징인 스털링과 아키그램의 기술 이미지 건축이 폐허로 변한 모습들로 묘사한다.

그림4-83. 닐스-올레 룬트, 건축의 미래, 1981

그림4-84. 에토레 소사스, 멈추어 버린 걸어가는 도시, 1973.

(3) 균등 공간의 건축

예프게니 잠야틴의 「우리들」(1920)과 조지 오웰의 「1984년」(1949)은 미래의 전체주의 국가 속에서 개인적 자유와 욕망이 철저히 억제되는 가운데, 국가가 개인들의 모든 사생활을 통제하는 디스토피아적 미래를 묘사하는 SF소설이다. 예를 들어 「우리들」에서는 사람들이 개인적 고독을 갖지 못하도록 하기 위해 모두 유리로 된 아파트에서 생활하는 모습이 묘사된다. 이것은 러시아 혁명 직후의 노동자 집합주거 계획의 실패에서와 같이, 이론적으로 유토피아적인 균등한 삶을 위한 강제적인 평균적 공동생활이 결국 전체주의적 디스토피아로 될 수밖에 없음을 묘사한 것이라고 할 수 있다.

예를 들어 콘스탄트 니우벤하우스(Constant Nieuwenhuys)의 책 「뉴바빌론」(New Babylon, 1960, 그림 4-85)의 '계속적으로 변화를 하는 도시조직'으로부터 영향을 받아, 지구 전체를 균등한 백색 구조물로 덮어 그 속에서 모든 소비 상품이 배제되는 가운데, 모든 기능을 위한 동일한 백색의 방 속에서 강제적으로 균등한 삶을 살게 하는 계획인 수퍼스튜디오의 「연속적 기념비」(Monumento Continuo, 1969, 그림 4-86)나 아키줌(Archizoom)의 전 세계를 백색의 등방성 공간으로 덮어 그 속에서 평등한 삶을 살도록 하는 「중단없는 도시」(No-Stop City, 그림 4-87)는 디스토피아적 미래관으로부터 나온 균등 공간의 건축 계획이라고 할 수 있다.

그림4-85. 콘스탄트 니우벤하우스, 뉴 바빌론 전경, 1959

그림4-86. 수퍼스튜디오, 연속적 기념비, 1969

그림4-87. 아키줌, 중단없는 도시, 1972

(4) 기계적 통제의 건축

잠야틴과 오웰의 소설이 정치적 관점의 통제 사회를 그린다면, 헉슬리(Aldous Huxley)의 「멋진 신세계」(Brave New World, 1932)는 기술의 공포가 있는 기계적 통제의 국가를 제시한다. 그의 소설에서 묘사되는 미래의 국가는 행동주의 심리학자들에 의해 기계적으로 운영되는 사회로서, 잠야틴이 극단적 관료주의를 묘사했다면, 헉슬리는 기술 그 자체가 개인행동의 말살을 가져오게 되는 디스토피아적 관점을 보여준다. 실제로 헉슬리 자신은 "과학과 기술, 정치의 발전이 오웰의 「1984년」 보다 「멋진 신세계」에 가까운 디스토피아적 미래를 가져올 것"[45] 이라고 주장하고 있다.

45) Robert Scholes, Eric S. Rabkin, *op. cit.*, p. 52.

조지 루카스(George Lucas)가 1971년에 만든 영화 「THX 1138」(그림 4-88, 89) 에서 현실은 완벽한 기술로 통제되는데, 도시는 온통 백색으로만 칠해

그림4-88. 조지 루카스, THX 1138, 1971

그림4-89. 조지 루카스, THX1138, 1971

진 지하 터널과 건물들, 인공 조명만으로 이루어지는 하나의 거대한 실내로, 심지어는 도로들 조차 백색의 형광등을 가지는 천장으로 씌워지며, 모든 것은 스크린을 통해서만 보여지고, 제어실에서 관찰하는 통제자들에 의해 한 스크린 당 10개씩의 비디오 박스가 있는 총 12개의 스크린으로 관찰되고 통제되는 완벽한 기계적 통제의 디스토피아를 보여준다. 나아가 이 거대한 실내에서 각각의 인간들은 육체성이 약물과 의학에 의해 철저히 통제되는데, 이곳에서 인간들은 섹스를 하는 것이 금지되며, 약물을 통해 육체가 완전히 거부되도록 된다. 이는 모더니스트의 궁극적 목표이자 한계였던 기계적 통제의 환상을 극적으로 보여주는 모습이다. 우리의 환경을 기계적으로 제어하려는 욕망, 모더니스트의 이러한 욕망은 벅민스터 풀러(Buckminster Fuller)가 1955년 맨해튼 위로 건설하려는 상상을 했던 거대한 지오데식 돔(그림 4-90)으로부터 1960년대 초 요나 프리드만(Yona Friedman)의 공중 도시나 아키그램의 플럭 인 시티, 워킹 시티가 꿈꾸었던 전체주의적 하부구조, 즉 기계적으로 통제되는 전체적인 하부구조 속에서 개개의 구조물들이

그림4-90. 벅민스터 풀러, 맨해튼 상공을 덮는 돔, 1955.

기계적으로 이동되고 제어되는 기계적 통제의 건축으로 나타났다.

예를 들어 수퍼스튜디오의 「연속적 기념비」, 그리고 무엇보다 동서 베를린을 가로지르는 베를린 장벽(그림 4-91) 에 영향을 받아 디자인 된 OMA의 「엑소더스」(Exodus, 1972, 그림 4-92)는 런던의 중앙을 통해 동서로 달리는 띠로 된 장벽 안에서 연속적인 프로그램에 따라 동쪽에서 서쪽 끝까지 강제적으로 연속되는 기계적 통제의 삶을 살도록 계획된 것이다. 마찬가지로 OMA의 「콜럼부스 센터의 달걀」(The Egg of Columbus Center, 1973, 그림 4-93) 역시 「엑소더스」와 같이 뉴욕 동쪽의 이스트 리버 위에서 강제적으로 연속되는 공간을 경험하도록 되며, 「스핑크스 호텔」(1975, 그림 4-94)도 그것의 머리 부분

그림4-91. 베를린 장벽

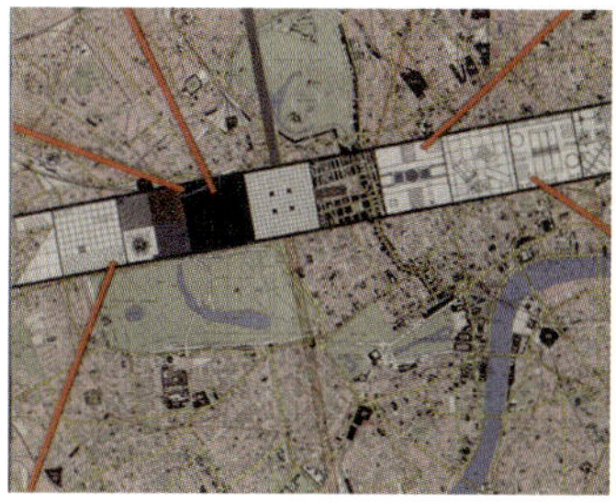

그림4-92. 렘 콜하스, 엑소더스, 1972

그림4-93. 렘 콜하스, 콜럼부스 센터의 달걀, 1973

그림4-94. OMA, 스핑크스 호텔 머리 부분의 시퀀스

에서 정해진 순서에 따라 각각 다른 공간을 연속적으로 경험하도록 되는 기계적 통제의 건축이다.

또한 테리 길리엄(Terry Gilliam) 감독의 SF 영화 「브라질」(Brazil, 1985)에서 묘사되는 기계장치들에 의해 통제되는 공간들(그림 4-95) 같이, 딜러 + 스코피디오(Diller + Scofidio)의 「후퇴하는 방」(withDrawing Room, 1987, 그림 4-96)과 「패러사이트」

그림4-95. 테리 길리엄, 브라질, 1985

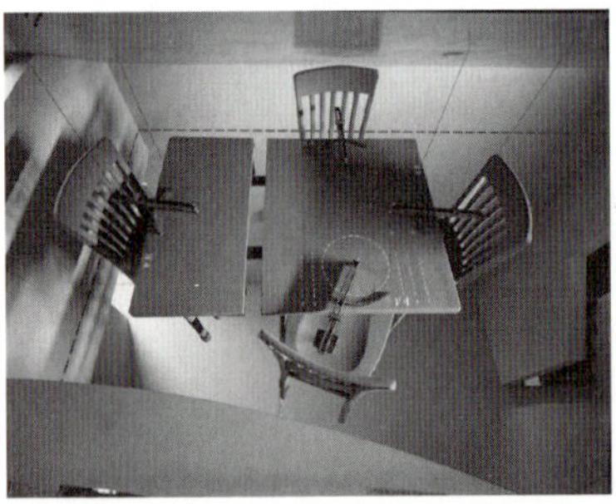

그림4-96. 딜러 + 스코피디오, 후퇴하는 방, 1987

그림4-97. 딜러 + 스코피디오, 패러사이트, 1989.

(Para-site, 1989, 그림 4-97)는 실제의 기계적 장치들, 예를 들어 식기들의 위치와 식사시의 신체 동작이 선으로 그려진 공중에 매달린 식탁, 거울이 달린 고정

된 의자, 거울과 비디오 카메라와 모니터들로 구성된 자동 감시 장치들을 통해 강제적으로 통제되는 행동을 하게 되는 건축이다.

4.6. SF와 건축의 헤테로토피아적 비전

1980년대 이후의 SF는 미래가 완전히 디스토피아로 되기보다는 모든 이질적 요소들이 서로 혼합되고 병존하는 헤테로토피아로 될 것이라는 경향들을 보여준다. 이질적 요소들의 혼성으로 이루어지는 헤테로토피아의 영역은 그래엄 발라드나 윌리엄 버로우즈, 윌리엄 깁슨 같은 SF 작가들의 작품에서는 순수한 물리적 요소들의 범위를 넘어서, 정신과 신체, 기계장치들의 영역을 동시에 혼합한다. 1990년대 이후의 건축 역시 다양한 차원의 영역을 혼성하는 헤테로토피아의 양상을 보여준다.

가상-현실 혼성의 건축

SF의 헤테로토피아는 컴퓨터의 디지털 세계를 현실의 공간과 혼합하여 가상의 공간을 현실로 인식하게끔 한다. 윌리엄 깁슨의 SF 소설 「뉴로맨서, 1984」는 '사이버스페이스'(cyberspace) 라는 용어를 만들어내고 있는데, 이것은 컴퓨터와 인간의 뇌가 접속되어 형성된 가상의 공간을 의미하며, 깁슨 자신은 이것이 '하나의 교감적 환각으로 실제의 공간과 장소가 아니라 개념적 공간으로서, 인간의 신경과 컴퓨터를 직접 연결하여 이루어지는 "공감각적 환상"[46]이며, "가상현실(Virtual reality)"[47]이라는 용어와 대체하여

46) William Gibson, Neuromancer, 노혜경 역, 「뉴로맨서」, 열음사, 1996, p. 80.

47) 자론 레이니에가 1989년에 만든 신조어, Giuseppe Mantovani. "Virtual Reality as a Communication environment: Consensual Hallucination, Fiction and Possible Selves",*Human Relations*, vol.48, no.6, 1995, p. 670, 홍성태 역, *op. cit.*, p. 32 재인용.

사용할 수도 있다'[48] 고 주장한다.[49]

사이버스페이스는 '전 세계적인 정보처리 시스템 속에서의 모든 정보의 완전히 공간화된 시각화로서, 실제와 가상현실의 시뮬레이션을 허용함으로써'[50] 그것의 건축적 가능성이 인식되어왔다고 할 수 있다. 실제로 사이버스페이스는 '형태가 없이 계속적인 자기증식 과정을 겪는 거대한 액질의 건축물'[51] 로 비유되며, 기존의 우리가 살아온 물리적 공간과는 본질적으로 다른 구조로, 신체를 지배하는 기존 건축 공간의 중력, 기하학적 구조와 내구성이 존재하지 않은 채, '상이한 과학들과 다른 지식들, 서로 다른 사회적 공간들과 상이한 개인들 사이에 상호 관통하는'[52] 헤테로토피아의 방식을 가진다고 할 수 있다.

스티븐 리스버거(Steven Lisberger)가 감독한 영화「트론」(Tron, 1982, 그림 4-98)에서부터 더글라스 트럼불(Douglas Trumbull)감독의「브레인스톰」(Brainstorm, 1983, 그림 4-99), 브렛 레오나드(Bret Leonard)의「론머 맨」(The Lawnmower Man, 1992, 그림 4-100), 폴 베호벤(Paul Verhoven)의「토탈 리콜」(Total Recall, 1990, 그림 4-101) 같은 SF 영화들은 가상현실 속에서 만들어진 현실을 실제와 같이 경험하는 장면들이 묘사된다. 데이빗 크로넨버그가 감독한「엑시스텐즈」(eXistenZ, 1999, 그림 4-102) 역시 바이오포트라는 생체 기계적 포트를 인체에 연결하여 가상의 현실을 경험하는 것에 관한 영화이다.

「매트릭스」(Matrix, 1999, 그림 4-103) 시리즈는 이러한 가상-현실을 더욱 적

---

48) Rudy Rucker ed., *Mondo 2000, User's Guide*, Thames and Hudson, 1993, p. 78.

49) 윌리엄 깁슨이 모든 가상 현실의 공간을 사이버 공간이라 칭하는데에 반해, 귈 캐크마즈 에르크(Gül Kacmaz Erk)는 사이버 공간이 컴퓨터 내의 인터넷에 의한 디지털 보조 정보 공간이며, 컴퓨터와 가상 현실 시스템에 의해 시뮬레이션된 디지털 보조 그래픽, 혹은 세미 그래픽 공간은 초공간(hyperspace)이라고 사이버 공간과 초공간을 구분하여 설명한다. 그러므로 그는 영화 매트릭스가 사이버 공간이 아니라 가상 현실 시스템과 초공간을 다룬 것이라 주장한다. Gül Kacmaz Erk, *op. cit.*, p. 12.

50) Marcos Novak,"Liquid Architectures in Cyberspace", in Michael Benedikt, *Cyberspace*, The MIT Press, 1992, p.225.

51) 김민수 저,「21세기 디자인 문화탐사」, 솔, 1997,p. 226.

52) *Ibid.*, p. 250.

그림4-98. 스티븐 리스버거, 트론, 1982

그림4-99. 더글라스 트럼불, 브레인스톰, 1983.

그림4-100. 브렛 레오나드, 론 머맨, 1992

그림4-101. 폴 베호벤, 토탈 리콜, 1990

그림4-102. 데이빗 크로넨버그, 엑시스텐즈, 1999

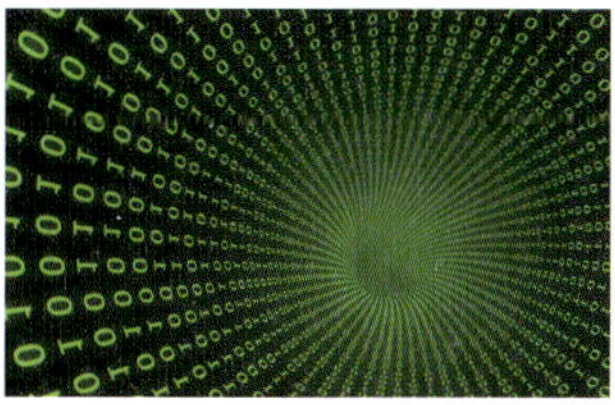

그림4-103. 매트릭스, 1999

그림4-104. 마이너리티 리포트, 2002

그림4-105. 써로게이트, 2009

그림4-106. 아바타, 2009

극적으로 표현하며, 나아가 21세기에 들어서 가상-현실의 세계는 대부분의 SF 영화의 일반적 주제로 되어,「마이너리티 리포트」(Minority Report, 2002,

그림 4-104)나 「써로게이트」(Surrogate, 2009, 그림 4-105), 「아바타」(Avatar, 2009, 그림 4-106)같은 영화 역시 인공지능 시스템, 혹은 뇌파로 연결되는 로봇이 경험하는 가상 세계 등이 묘사된다.

사이버스페이스의 문제는 가상 주택의 개념을 야기시키는데, 존 라이히만(John Rajchman)은 "주택 자동화를 위해 선으로 연결되고, 신체를 감지하고, 봉사하고 보호하도록 장치된 주택인 가상 주택은 아직 지어지지 않았으며, 이것은 더 이상 벽체로 구조화되지 않고, 텍토닉 공간 속에서 고정되지 않은 채, 스크린 상에서 정보의 단편들로만 움직이는 이미지들, 그리고 신체와 운동의 고정되지 않은 감각의 문제들을 다룬다"[53] 고 주장한다.

라이히만의 책이 출판된 2년 후에 만들어진 벨기에 영화 감독 피에르-폴 랑데어스(Pierre-Paul Renders)의 「토마스 인 러브」(Thomas in Love, 2000, 그림 4-107)는 컴퓨터로 장치된 스마트 주택 뿐 아니라 컴퓨터 스크린 내의 이미지들을 역시 묘사하는 통합된 의미의 가상 주택을 보여준다. 이 영화에서 광장 공포증을 가진 주인공 토마스는 자신의 컴퓨터 스크린만을 통해 외부 세계와 소통을 하는데, 그는 'Catch-a-Heart'라 불리는 온라인 데이트 클럽 사이트를 방문하거나 무능력자들을 위해 정부가 지원하는 창녀 서비스인 마담 조(Madam Zoe)의 사이트, 혹은 그가 창조한 가상 여인과 섹스를 하기 위해 보디 슈트를 입어야 하는 'Sextoon'이라는 사이트도 방문한다. 그의 화상폰은 그의 스마트 주택을 외부 세계와 연결해주는 인터넷의 발전된 버전으로 연결되며, 사이버스페이스를 통해 서핑함으로써 다른 여인들의 가상 세계 속

그림4-107 피에르-폴 랑데어스, 토마스 인 러브, 2000.

53) John Rajchman, *Constructions,* Cambridge, Mass/London, 1998, p. 118.

으로도 들어간다. 여기서 토마스 자체는 영화 스크린에 나타나지 않으며, 우리가 보는 모든 것은 그의 컴퓨터를 통해 토마스가 보는 것이다. 그러므로 "토마스의 컴퓨터 프레임 너머에 있는 것은 스크린에 나타나지 않는 라이히만의 첫 번째 가상 주택—진보된 기계들로 장치된 주택—이며, 그의 컴퓨터 스크린 내에는 그의 두 번째 가상주택—사이버스페이스—이 스크린 상에 나타난다."[54] 그러므로 "컴퓨터 스크린은 물리적 공간과 가상 공간 사이의 경계이며, 토마스의 신체를 감싸는 사이버섹스 슈트는 이 두 공간을 연결한다."[55]

가상의 세계는 현실보다 더욱 현실적으로 느껴지는 것으로 등장한다. 더 나아가 린든 랩이라는 회사가 2003년 개발한 클라이언트 프로그램을 바탕으로 벤테 밀튼(Bente Milton)이 만든 영화 「아바타와 나」(My Avatar and Me, 2010, 그림 4-108, 109, 110 111)는 가상 현실인 세컨드 라이프 속에서 현실과 똑같이 아바타로 상대방을 만나 다양한 행위를 하고 다양한 건축 공간을 경험하는 보다 현실적인 가상-현실의 세계를 묘사한다. 여기서 확실히 "물리적 현실은 종종 가상 현실에 양보를 하게 되며, 사이버스페이스의 공간적 조직은 연속적인 도전을 재현한다. 이 상황에서 물리적 현실은 결정적으로 재디자

그림4-108. 벤테 밀튼, 아바타와 나, 2010

그림4-109. 벤테 밀튼, 아바타와 나, 2010

54) Gül Kacmaz Erk, *op. cit.*, p. 15.

55) *Ibid.*, p. 17.

그림4-110. 세컨드 라이프

그림4-111. 세컨드 라이프 속의 경험

인되며",[56] 이런 식으로 재현된 현실은 새로운 사회적 상호작용을 요구하게 된다.

건축 역시 이러한 사이버스페이스를 디자인의 새로운 대안으로 제시하고 있다. 이것은 기존 건축의 인식과 지각 방식을 변화시키고, 건축 개념자체의 급격한 변형을 암시하기 때문이다.[57] 사이버스페이스 속에서 기존의 건축적 공간들은 무한대로 확장되며, 지적인 공동체를 서로의 일상적 관계로 엮는 연결구조로 변경된다. 사이버스페이스는 공간적 위상을 달리하는 여러 공간들이 하나의 위상 내에 연속적으로 배열되고 치환되는 동상사상체의 모습으로 존재할 수 있기 때문이다.[58] 마코스 노박(Marcos Novak)의 「전송건축」(Transmitting architecture)시리즈(그림 4-112), 칼 S. 추(Karl S Chu)의 「양식적 공간」(Modal space)들(그림 4-113), 라스 스파우브룩(Lars Spuybroek)의 「노르딕 비치호텔」(1997, 그림 4-114, 115), 크리스토퍼 로메로(Christopher Romero)의 「보텍스 2000」계획들(그림 4-116)은 이러한 사이버스페이스 공간들의 초기의 예들이다. 컴퓨터 보조 생산과 조합해 구조의 형태학적 코딩에 기초하는 메타 건축[59] 을 주장하는 하레쉬 랄바니(Dr Haresh Lalvani)의 「구름 덮개」(Cloud Cover,

56) Antoine Picon, *Digital Culture in Architecture*, 김원갑 역, 「건축의 디지털 문화」, p. 54.

57) 김민수 저, 「21세기 디자인 문화탐사」, p. 256.

58) *Ibid.*, p. 257.

59) Mark Burry ed., *Cyberspace, the World of Digital Architecture*, The Images Publishing Group, 2001, p. 38.

그림4-112. 마코스 노박, 전송건축 데이터 구동 형태

그림4-113. 칼 추, 파일로곤 1(Phylogon1)

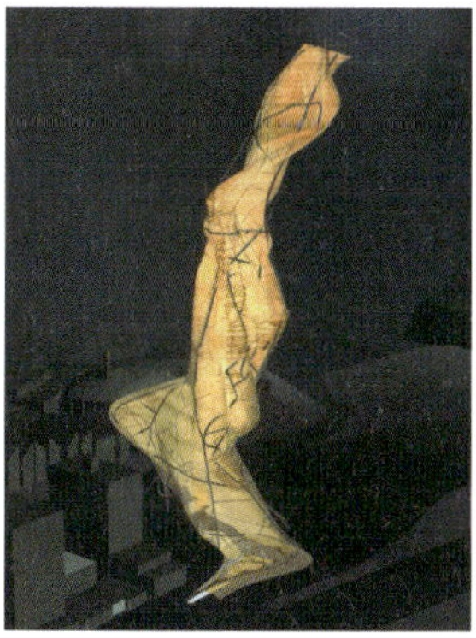

그림4-114. 라스 스파우브룩, 노르딕 비치 호텔 외관

그림4-115. 라스 스파우브룩, 노르딕 비치 호텔 내부

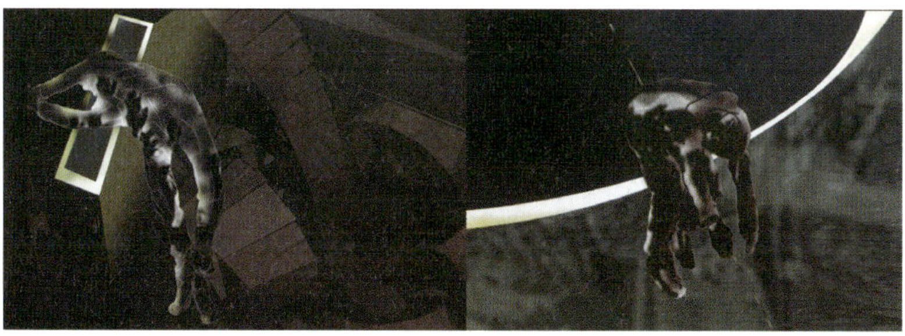

그림4-116. 크리스토퍼 로메로, 보텍스 2000.

그림 4-117)와 「기둥 박물관」(Column Museum, 그림 4-118), 「회전 타원체」(Spheroids, 그림 4-119), 「파동 매듭」(Waveknot) 계획안(그림 4-120), 아심토트(Asymtote)의 「구겐하임 가상 미술관」(그림 4-121), 스티븐 페렐라(Stephen Perrella)의 「초곡면 시스템」시리즈(Hypersurface Systems, 그림 4-122)와 「뫼비우스 주택」(The Moebius House, 그림 4-123), 콜라탄과 맥도널드 스튜디오(Kolatan/Mac Donald Studio)의 「가상주택」 시리즈(Chimerical Housings, 그림 4-124), 뉴욕의 「간척지 관측소」(Observatorium for a Polder, 그림 4-125), 「레이불드 주택」(Raybould House and Garden, 그림 4-126), 「레지-라이즈 마천루」(Resi-Rise Skyscraper) 계획안들(그림 4-127) 역시 20세기 말부터 21세기 초까지 초기의 사이버스페이스를 실험한 예들이다.

그림4-117. 하레쉬 랄바니, 구름 덮개

그림4-118. 하레쉬 랄바니, 기둥 박물관

그림4-119. 하레쉬 랄바니, 회전 타원체

그림4-120. 하레쉬 랄바니, 파동매듭

그림4-121. 아심토트, 구겐하임 가상 미술관

그림4-122. 스티븐 페렐라, 초곡면 시스템 시리즈

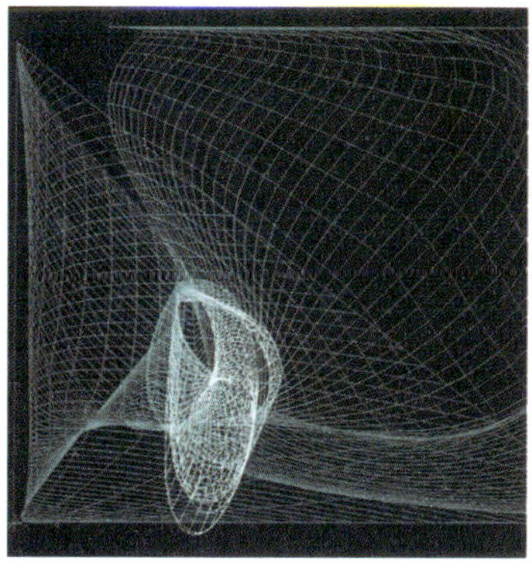

그림4-123. 스티븐 페렐라, 뫼비우스 주택 초기 스터디

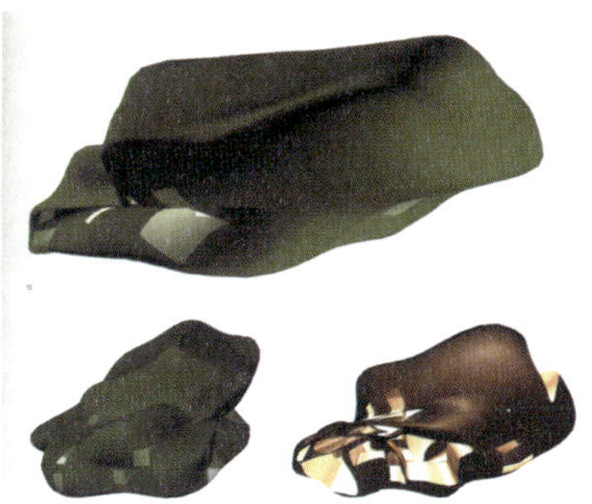

그림4-124. 콜라탄과 맥도널드 스튜디오, 가상주택 시리즈

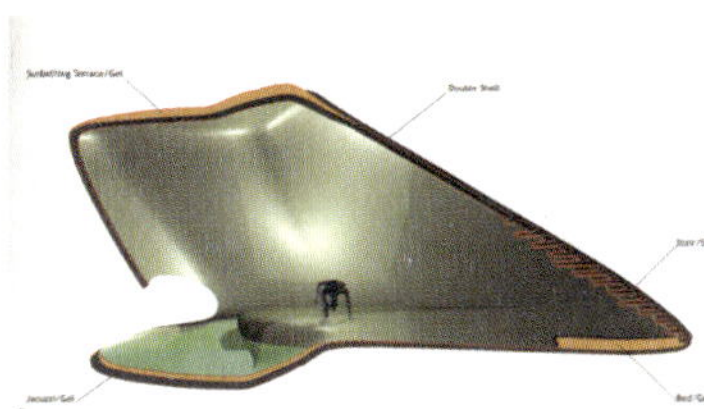

그림4-125. 콜라탄과 맥도널드 스튜디오, 뉴욕 간척지 관측소

그림4-126. 콜라탄과 맥도널드 스튜디오, 레이불드 주택

그림4-127. 콜라탄과 맥도널드 스튜디오, 레지-라이즈 마천루

사이버스페이스는 나아가 도시 공간으로까지 확장되고 있다. 윌리엄 미첼(William J. Mitchell)은 그의 저서 「비트들의 도시」(City of Bits, 1995)에서 새로운 종류의 도시로, 대부분 보이지는 않지만 점점 부상하는 정보의 고속도로에 의해 상호 연결되는 가상 공간들의 시스템으로 이루어지는 도시를 말하고 있기 때문이다. 이것은 많은 도시적 교환들의 비물질화를 고려한 것으로, "물리적 순환을 인수하는 전자적 교접에 의해 자신의 평화를 회복하는 도시"[60] 라고 그는 설명하고 있다.

앙트완 피콩(Antoine Picon)은 디지털 시대의 도시를 다음과 같이 세 가지의 특성으로 마크 오제(Marc Augé)나 프랑수아 아셰(Francois Ascher)가 말했던 수퍼 모던 도시나 하이퍼 모던 도시들[61] 과 차이를 짓고 있다: "첫째, 개인을 확인하는 데에 사용되었던 생물 측정학적 데이터 베이스로부터 휴대전화와 개인용 디지털 보조기들의 일상화에서 나타나듯이, 개인적 선호와 행태, 전략들에 의존하는, 더욱 개인적 특성을 고려하게 되는 도시적 삶과 도시적 양상들; 둘째, 온라인 스토어부터 다양한 소셜 네트워크에까지 이르는 가상 공간들의 발전에 따라 전통적인 3차원 공간과 더욱 밀접하게 인터페이스되고 혼성되는 도시적 양상들; 셋째, 디지털 도구를 통해 일상의 기

60) Antoine Picon, *op. cit.*, p. 172.

61) Marc Augé, *Non-Places: Introduction to an Anthropology of Supermodernity*(Paris: 1992, 영역본 London, New York: Verso, 1995), Francois Ascher, *La Société Hypermoderne: Ces Evenements Nous Dépassent, Feifnons d'en Etre les Organisateurs*(La Tour d'Aigues: Editions de l'Aube, 2004).

후로부터 교통 상황, 축제, 주요 집회나 경기들을 아우르는 다중의 발생과 사건들을 포괄하는 도시적 양상들."[62]

62) Antoine Picon, *op. cit.*, pp. 175–176.

5. 살기 위한 기계로부터 사이보그를 위한 주택까지

5.1. 돌연변이 육체와 생체-기계

현대의 다양한 변방의 건축적 주제들 가운데에서 무엇보다도 주기류를 벗어나고, 그럼에도 불구하고 그것의 불온한 위협적 특성에 의해 잠재적 산포력을 가진 주제 중의 하나는 최근 푸코(M. Foucault)와 보드리야르(J. Baudrillard), 그리고 특히 들뢰즈(G. Deleuze)의 이론들로부터 새롭게 조명이 되고 있는 육체(body)에 관한 담론들과 건축과의 관계에 관한 것이라고 할 수 있다. 물론 건축이 이미 비트루비우스의 신체 비례에 관한 주장 이래 르네상스의 「비트루비우스 인간」(Vitruvian Man, 그림 5-1)으로부터 르 꼬르뷔제의 「모듈러 인간」(Modulor Man, 그림 5-2)에 이르기까지 끊임없이 인간의 신체 비례를 도입했던 것이 사실이지만, 최근에 거론되고 있는 신체 개념은 이전의 실체적인 물리적 형태와 그것으로부터 비롯된 형태적 비례 같은, 혹은 신인 동형론적 유추 같은 형태적 유추의 개념과는 근본적으로 다른 육체의 변형과 교체, 그리고 나아가서는 육체의 소멸을 향한 관점, 아울러 그것의 역으로서 건축과 건축적 오브제, 그리고 건축적 기계들의 육체화라는 변증적 관점을 보여준다. 이것은 인간의 육체와 건축적 환경과의 새로운 관계를 설정하려는 시도라고도 볼 수 있다.

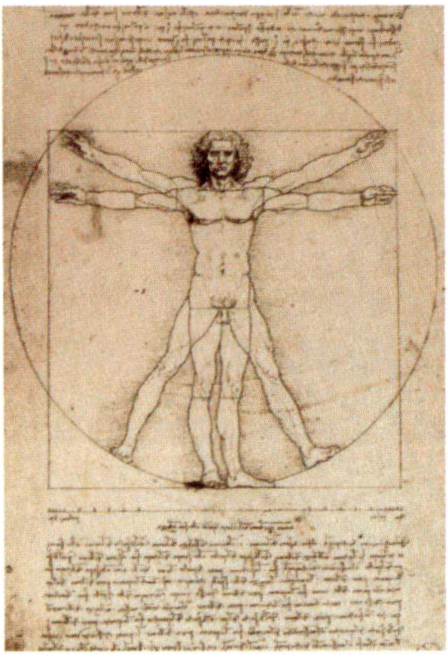

그림5-1. 비트루비우스 인간

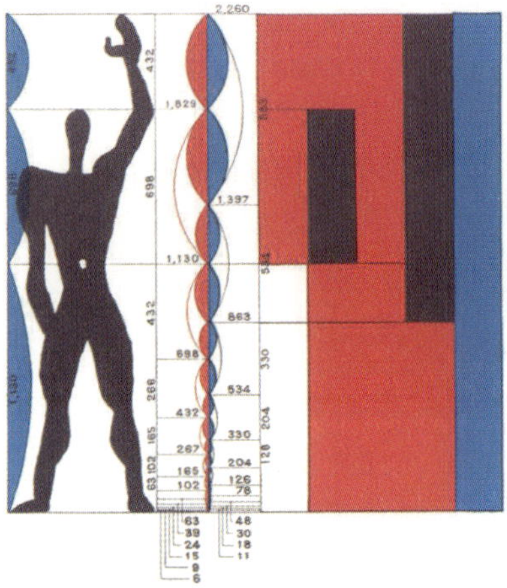

그림5-2. 모듈라 인간

그렇다면 인간의 육체는 레오나르도 다빈치가 그렸던 「비트루비우스 인간」과 같이 고정된 건축적 공간 속에서 영원한 완벽성을 가지고 공간을 지속적으로 점유할 수 있을 것인가? 물론 14 세기 르네상스 이래 20세기의 모더니즘이 그리는 합리주의의 개념에 이르기까지 이러한 개념은 의심없이 받아들여져 왔다고 할 수 있다. 그러나 20세기의 발전된 의학 기술과 생체 공학, 컴퓨터 공학, 그리고 20세기에 발전된 독특한 문학 장르로서의 SF에서 표현되는 다양한 이미지들은 이러한 개념의 급진적 전복을 보여준다. 예를 들어 다빈치의 「비트루비우스 인간」이 르네상스의 원 안에 자리잡은 이상적으로 균형잡힌 육체를 보여준다면, 「론머맨」에 나오는 주인공 조브 스미스(**그림**

그림5-3 회전구 안의 론머맨

5-3)는 회전구 안에서 비트루비우스 인간과 같이 팔 다리를 벌리고 회전하는 가운데 육신이 전자화되어 전자 네트워크 속에서 가상 육체로 변한다.

현대의 의술은 육신의 고정성을 더욱 확실하게 붕괴시킨다. 예를 들어 현대의 기술이 가능하게 해준, 얇은 실리콘 외피로 싸여지고 반투명의 실리콘으로 만들어진 유방 보철기(prosthesis), "피부를 매끄럽고 부드럽게 만들어서 젊어 보이게 하는 투명한 스마트 스킨(Smart skin, 그림 5-4)이나 전기적으로 영구 충전되어 피부 표면에 착 달라붙는 초고분자량의 섬유소 중합체"[1] 같은 인공 피부, 혹은 매사추세츠 회사에서 개발한, "전류의 변조에 반응하는 작은 양의 약이나 생물학적으로 활성화되는 물질을 방출하기 위해 신체 속에 주입될 수 있는 작은 전자 부품"[2] 등의 존재는 인간의 육체가 이제, 딜러와 스코피디오(Diller + Scofidio)같은 건축 그룹이 주장하듯, "이상화된 평균적 육체로 순응되도록 성형되는 가소성의 형태로서, 스테로이드나 실리콘, 스판덱스와 피부들이 유동적으로 교환됨으로써 이루어지는 돌연변이(mutant)의 육체로 대체된다"[3] 고 보아야 할 것이다. 실제적으로, 더욱 기계적인 의미에서, 인공 심장이나 신장 투석기 같은 수많은 인공 장기, 인공의 팔다리 같은 보철기구 들을 지닌 인간-기계의 결합체들(그림 5-5, 6)이 이미 보편화되

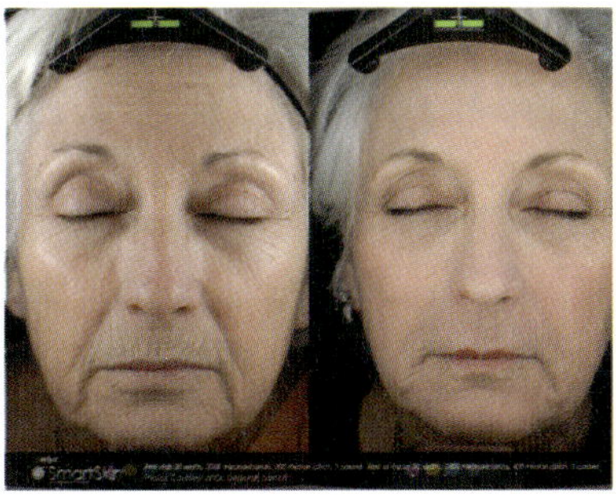

그림5-4. 스마트 스킨의 효과

1) 스마트 스킨은 Intelli-Scope에서 소개된 신상품이며, 예를 들어 베타맥스 카로틴(Betamax Carotene)을 사용하면 멜라닌 층이 생성되어 육체-화학물질과 기술-화학물질의 결합을 통한 문자 그대로의 제2의 강화된 피부가 만들어진다. Didier Anzieu, *The Skin Ego: A Psychoanalytic Approach to the Self,* Yale Univ. Press, 1989, 홍성태 편, 「사이보그 사이버 컬쳐」, 문화과학사, 1997, p. 112 참조.

2) *New York Times*, 1990, Jun 20.

3) Georges Teyssot, "Eraser and Disembodiment, Dialogues with Diller + Scofidio", *Otagono* 96, p. 58.

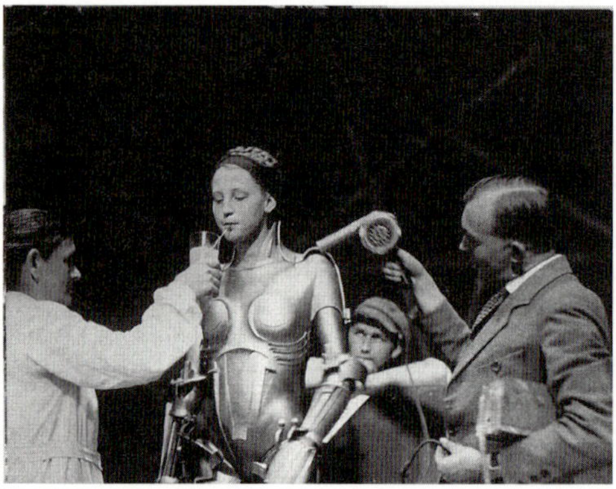

그림5-5. 각종 보철장치와 결합된 인간

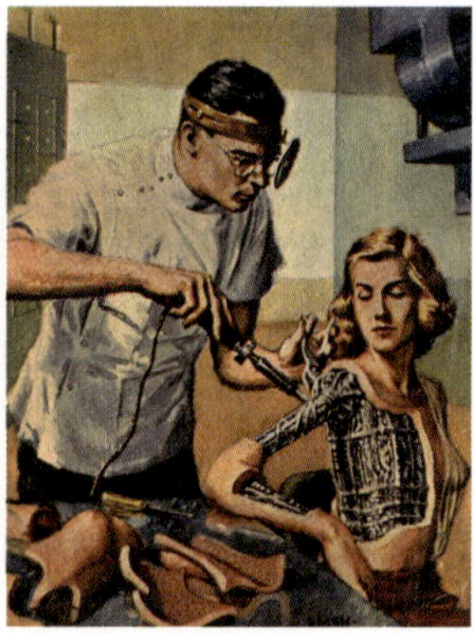

그림5-6. 에드 엠쉬윌러, 숙녀와 로봇, Galaxy, 1954

어있는 현실이라고 한다면, 인간 육체의 기계적 교체, 혹은 인간과 기계의 결합은 더 이상 새로운 사실이 아니라고도 할 수 있을 것이다.

SF 소설과 영화에서 나타나는 장면들은 인간 육체의 돌연변이적인 기계적 교체와 생체와 기계와의 결합을 더욱 극단적으로 보여준다. 이미 1959년에 발표된 윌리엄 버로우즈(William S. Burroughs)의 「벌거벗은 점심」(Naked Lunch)이나 1966년에 나온 「부드러운 기계」(Soft Machine)는 기계로서의 타자기와 바퀴벌레의 유기적인 상호 변환(그림 5-7, 8), 그리고 육체를 서서히 변

그림5-7. 데이빗 크로넨버그, 벌거벗은 점심

그림5-8. 데이빗 크로넨버그, 벌거벗은 점심

형시키는 여성적 기계가 묘사됨으로써, 인간의 육체를 복잡한 기계로 여기고 기계의 성적인 양상을 강조하는 생체-기계 혼합의 관점을 보여준다. 이

것은 19세기 이래 주도적 과학이었던 생물학이 기술의 발전에 의해 자연적 탄생과 죽음의 개념들마저도 자신의 개념으로 바꾸었으며, 그것을 예술의 관점으로까지 확장시켰음을 의미하기도 한다.

돌연변이 신체의 은유는 그래엄 발라드(James Graham Ballard)의 「잔혹 폭로」(The Atrocity Exhibition, 1970, **그림 5-9**)나 데이빗 크로넨버그(David Cronenberg) 감독이 영화화한 「충돌」(Crash, 1973, **그림 5-10**)에서 의도적으로 자동차 충돌을 일으켜 마조히즘적 쾌락을 즐기며, 그것의 결과로 인해 손상된 신체의 일부를 기계장치—기능적이기보다는 오히려 미학적인—로 대체하는 것으로까지 나아간다. 또한 로저 바딤(Roger Vadim)이 장 클로드 포레스트(Jean-Claude Forest)의 만화를 영화화한 「바바렐라」에서는 여성육체와 결합되어 그녀의 성적 에너지를 고양시켜 극단적 쾌락 속에 죽게하는 에로틱한 살인 기계(**그림 5-11**)가 등장한다.

그림5-9. 그래엄 발라드, 잔혹촉로, 1970

그림5-10. 데이빗 크로넨버그, 충돌

그림5-11. 로저 바딤, 바바렐라의 에로틱 살인 기계, 1968

그러나 이러한 돌연변이 육체와 기계와의 결합은 대부분의 경우에 기계가 인간의 육체를 침범함으로써 궁극적으로 인간을 지배하게 되는 공포스런 상황을 묘사한다. 예를 들어 도널드 카멜(Donald Cammel)감독의 「악마의 씨」(Demon Seed, 1977, 그림 5-12)는 가정용 컴퓨터가 강제로 주인의 부인을 임신시켜 기계 인간을 탄생시키는, 인간 육체와 컴퓨터의 결합을 보여주며, 데이빗 크로넨버그의 「비디오드롬」(Videodrome, 1983, 그림 5-13)은 위험한 비디오 테이프가 인간의 육체 속에 이식되어 그가 점점 비디오의 상황 속으로 들어가게 되는, 육체와 비디오 모니터와의 결합 상황을 보여준다. 신야 츠카모토(Shinya Tsukamoto)의 「철인」(Tetsuo: The Iron Man, 1988, 그림 5-14) 역시 육체 속으로 기계장치들이 삽입되면서 인간 육체가 궁극적으로 온갖 잡동사니 기계들에 의해 침범되어 거대한 생체 기계로 변하는 모습을 보여준다.

그림5-12. 도널드 카멜, 악마의 씨, 1977

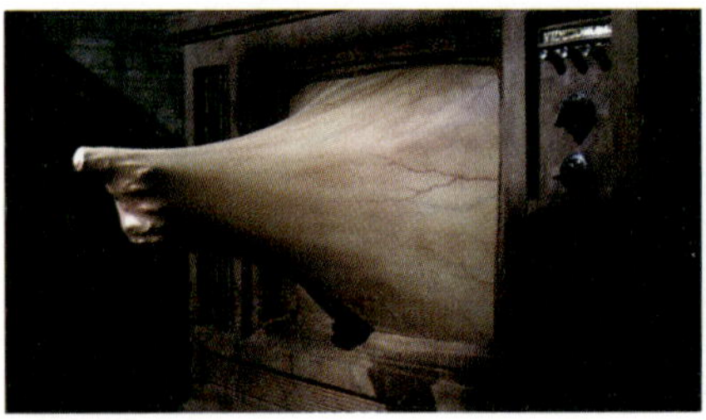

그림5-13. 데이빗 크로넨버그, 비디오드롬, 1983.

그림5-14. 신야 츠카모도, 철인, 1988

인간의 육체는 이제 원래의 장기들이 적출되고, 보다 기능적인, 혹은 전자 정보의 후기 산업시대에서 보다 미학적인 보철 기구들(그림 5-15, 16)로 대체되며, 기계와의 결합을 통해 기형적인 돌연변이의 상태로 되는 것이다.

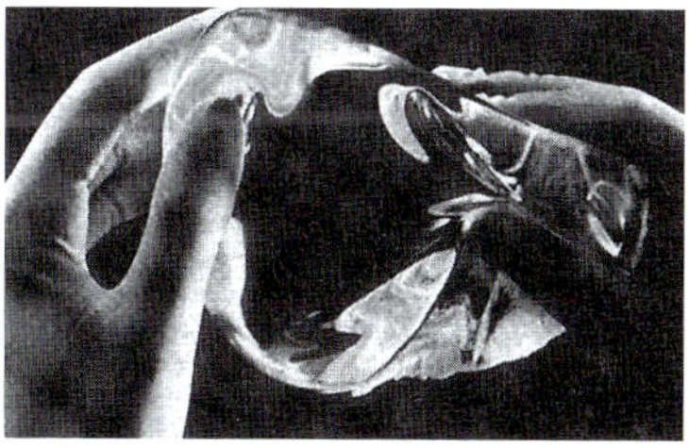

그림5-15 실리콘 가슴 주입물

그림5-16. 데이빗 크로넨버그, 데드링거스의 미학적 보철물

이것은 마르셀 뒤샹(Marcel Duchamp)의 「대형유리」와 프란츠 카프카의 '글쓰는 기계'에 의해 이미 암시되었으며, 미셸 드 세르토(Michel de Certeau)에 의해 "연속해서 자동적으로 기계를 만들고, 그 자신 외에는 어떤 것과도 조우하지 않는 글쓰기의 수행 속에서 구현되는 신화"[4] 라고 정의되는 '독신자 기계'(Bachelor Machine, 그림 5-17, 18, 19, 20, 21), 즉 미셸 카루즈(Michel Carrouges)의 소설 「독신자 기계」(Les machines célibataires, 1954)와 하랄드 제만(Harald Szeeman)의 「독신자 기계」(The Bachelor Machine, 1975)전시에서 나타나는 육체와 각종 보철기구들의 기계 장치와의 결합[5] 을 보여주는 것으로, 조르쥬 테소(Georges Teyssot)의 말을 빌자면, "앤드로이드와 인간 사이의 섹스 없는 결합이자 신체 기관과 기계 사이의 근친 상간적이며 고통스런 만남"[6] 에 해당된다.

그림5-17. 마르셀 뒤샹, 독신자 기계로서의 대형 유리

4) Michel de Certeau, *The Practice of Everyday Life*, Univ. of California Press, 1984, p. 150.

5) "독신자 기계들의 불완전성을 인식하고, 우리는 이제 가장 평범하게 기술주의적 해결을 자랑한다: 그것들을 보철기구로 고정시키는 것. 평균적 인간의 구조는 그것의 화려함 속에서 장기들이 없는 육체, 비활성화된 독신자 기계로 완성되고, 다양한 기능적 확장을 한다." A. Montesse, *The Bachelor Machines*, Venice/New York, 1975, p. 113, Georges Teyssot, *op. cit.*, p. 58 재인용.

6) Georges Teyssot, "The Mutant Body of Architecture," in *Flesh*, Princeton Architectural Press, 1994, p.14.

그림5-18. 하랄드 제만의 독신자 기계 전시, 1975

그림5-19. 카프카식 독신자 기계

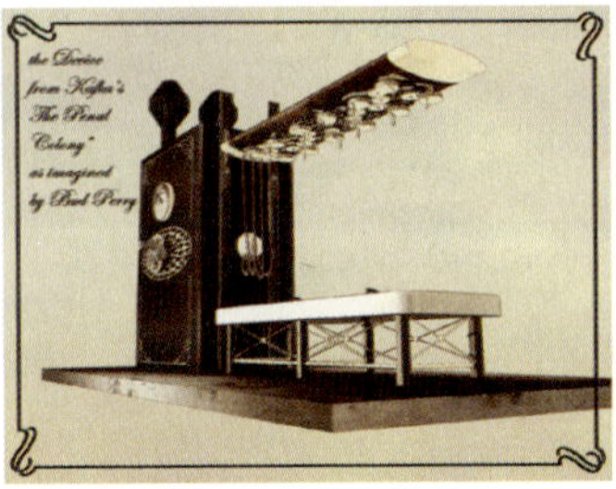

그림5-20. 카프카식의 글쓰는 독신자 기계

그림5-21. 독신자 기계로서의 19세기 파리 실내 자전거 경륜장

결국 독신자 기계는 리오타르(Jean-François Lyotard)가 보았듯이, 그것의 최초의 예인 판도라의 경우에서와 같이, 기계적으로 지배되는 자연의 불가능성을 흐리게 하기 위해, 그리고 생물과 테크놀로지 사이의 구분을 흐리게 하기 위해 만들어진 책략이라고 할 수 있을 것이다. 그런 의미에서 인더스트리얼 록 그룹「나인 인치 네일즈」(Nine Inch Nails)의 뮤직 비디오(그림 5-22)에서 표현되었던 행위 예술가 밥 플래내건(Bob Flanagan)의 사도-마조히즘적 행위—벌거벗은 육체가 집게와 연마기에 꽂힌 채 '일종의 처리 장치'에 넣어져 잘게 갈려 고기가 되며, "기름과 뒤섞인 피와 정액의 화면이, 부드러운 감각적 움

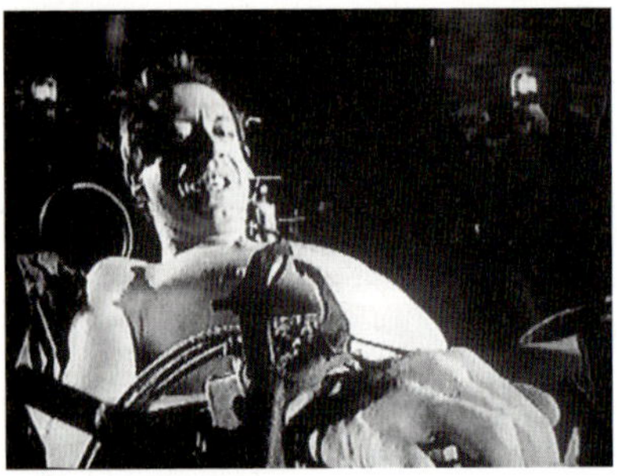

그림5-22. 밥 플래내건의 사도-마조히즘적 독신자 기계

직임이 삽입된, 몸을 갈고 있는 기어들의 빠른 클로즈업 화면과 병치되는"[7]—는 에로티시즘의 욕망과 독신자 기계와의 관계를 적절히 보여주며, 독신자 기계는 "그 남자의 욕망(명백히 거세, 관통, 죽음, 완전한 파편화의 욕망)에 철저히 봉사를 하는 것"[8] 으로 나타난다.

건축에 생체-기계적 장치를 도입하려는 실험들, 예를 들어 딜러와 스코피디오의 「유리 속의 지연」(Delay in Glass, 1987, 그림 5-23)은 마르셀 뒤샹의 「대형유리」의 독신자 기계장치를 응용하여 다양한 기계장치들이 인간 육체와 결합하여 '초합리적'(pataphysical)인 기능들을 수행하도록 된 계획으로서, 건축적 무대의 반은 신부의 영역이며, 나머지 반은 독신자의 영역으로 되어, 뒤샹의 대형 유리에서 신부와 독신자의 수직적으로 분리된 영역들이 배치에 있어서 90도 회전되어서 나타난다. 여기서 기계 장치는 은폐 평면과 노출 평면의 두 가지 부분으로 이루어지며, 남성과 여성 영역의 분리는 은폐 평면에 의해 0 지점에서 보강되는데, 그것은 외과용 고무의 팽팽히 긴장된 천이자 피부, 예방책으로서, 평면은 피봇힌지 위에서 회전하게 되어 180도의 회전은 관객에게 상대적으로 신부와 독신자 영역의 위치를 바꾸어주게 된다.(그림 5-24)

그림5-23. 딜러+스코피디오, 유리 속의 지연, 1987

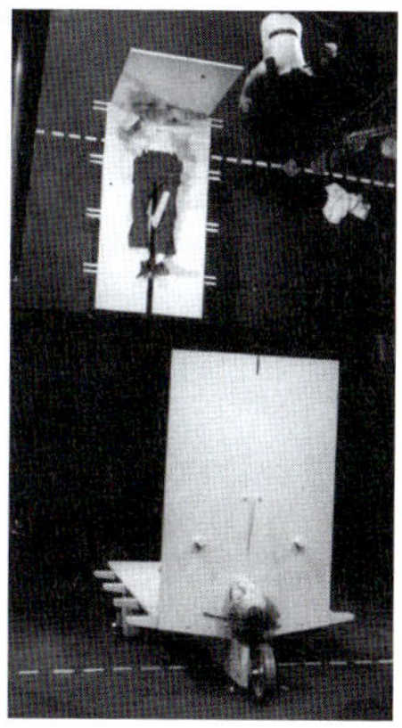

그림5-24. 딜러+스코피디오, 유리 속의 지연 기계장치

7) 홍성태 편, *op.cit.*, p. 110.
8) *Ibid.*

마찬가지로 노출 평면은 무대 위로 45도 각도로 매달려 있는 거울로 되며, 그것은 관객에게 0 지점의 고무 평면 뒤에서 가려지는 배우의 이미지를 반영한다.(그림 5-25) 그러므로 기계 장치들은 관객에게 신부(그림 5-26)와 독신자의 가상 이미지를 투사하거나, 반대로 독신자와 신부의 가상 이미지를 투사함으로써 남성과 여성의 요소들은 항상 물리적으로 분리되는 동시에 기계 장치에 의해 가상적으로 연결된다. 딜러와 스코피디오가 말하듯이, "육체는 전자 감지장치의 이식, 장기 이식 같이 교환을 하거나, 혹은 시험관 배양된 자궁의 이질화와 같이 육체로부터 완전한 결별을 한다. 육체는 그 자체만의 육체일 뿐이며 장기가 필요없다. 유기적 조직들은 육체의 적들이다."[9)]

그림5-25. 딜러+스코피디오, 유리 속의 지연 기계장치

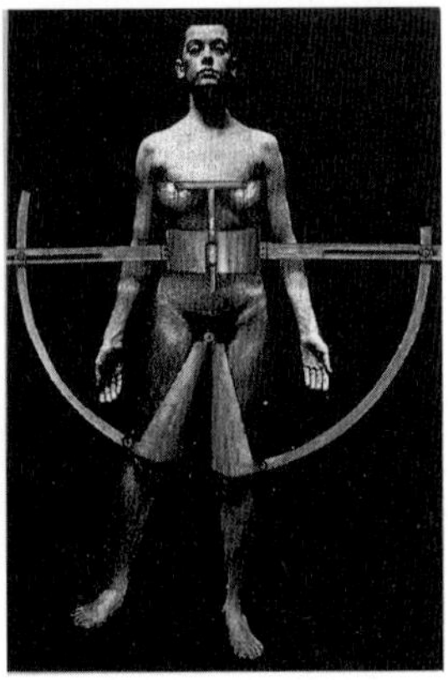

그림5-26. 딜러+스코피디오, 유리 속의 지연, 신부와 기계장치

육체의 각 부분이 유기적 통일을 배제한 채 서로 독립적으로 치환 변형되는 상황은 개리 힐(Gary Hill)의 비디오 예술작품을 통해서도 보여진다. 예를 들어 그의 비디오 장치인 「그것이 항상 이미 일어나듯이」(As it is always already taking place, 1990, 그림 5-27)는 16개의 비디오 모니터로 한 육체의 다양한 부분적 이미지를 동시에 보여주는 것으로, 여기서 육체는 분해되고 다시 기술적으로 재결합되는 모습을 보여준다.[10)] 이제 인간의 육체는 발전된 생물학과 의학 기술에 의해 유기체의 기계적 변형, 기계의 유기적 변형, 혹

9) *Ibid*.

10) Georges Teyssot, "The Mutant Body of Architecture," p. 10.

그림5-27. 개리 힐, 그것이 항상 이미 일어나듯이, 1990

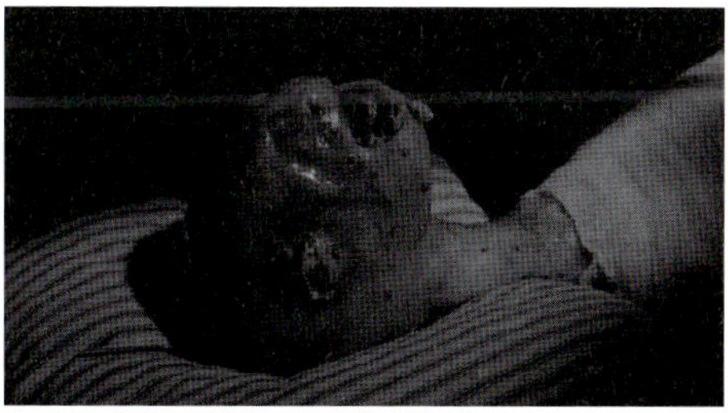

그림5-28. 데이빗 린치, 이레이저 헤드, 1977.

은 나아가 데이빗 린치(David Lynch)의 영화「이레이저 헤드」(Eraser Head, 1977)의 거위와 같은 형상의 태아(그림 5-28)와 같이 계속적으로 변형을 하는 악몽과 같은 육체, 즉 알리스 자르딘(Alice Jardine)이 "재생산과 이식 등등의 의학기술에 의한 테크노 육체(technobodies)[11] 라고 명칭한 사이보그(Cyborg)[12]를 향하게 된다.

5.2. 사이보그와 사이버 공간

인간과 기계의 관계는 17세기 이래의 급진적인 기술의 발달과 함께 점차 전자로부터 후자로 비중이 옮겨갔다고 볼 수 있다. 예를 들어 1637년에 데카르트는 인간을 기계에 비유하면서 "기계가 비록 많은 일들을 인간보다 잘 할 수 있겠지만 다른 부분에서는 어쩔 수 없이 실패할 수 밖에 없을 것이며, 그것으로부터 우리는 기계가 이해나 추론에 의해서가 아니라 단지 그들 기관의 배치에 의해서만 움직인다는 것을 발견할 것"[13] 이라며, 인간

11) Alice Jardine,"Of Bodies and Technologies," in *Discussions in Contemporary Culture,* no.1. Hal Foster eds., *The Bay Press for The Dia Art Foundation,* 1987, pp. 151-158.

12) 기계-인간의 결합체인 인조인간으로서, 비슷한 개념인 '로봇'은 완전한 기계이며, '안드로이드'는 원형질이나 세포 등을 배양시켜 만든 일종의 인조 생명체이다. 김진우 저,「하이테크 시대의 SF영화」, 한나래, 1995, p. 35 참조.

13) René Descartes, *Discourse on Method and Meditations,* Laurence J. Lafleur trans., Bobbs-Merrill, 1960, p. 42, Claudia Springer, *Electronic Eros: Bodies and Desire in the Postindustrial Age,* 정준영 역,「사이버 에로스」, 한나래, 1998. p. 33 재인용.

의 이성이 기계보다 우월함을 주장했다. 인간의 이성은 그 이후 19세기의 산업혁명 시기까지 계속해서 기계보다 그 우위를 차지했으나, 19세기 말 산업화의 고양기에 인간과 기계의 관계에 대한 지각은 변화하여, 점차 기계가 인간의 육체보다 우월한 것으로 묘사되고 있다.[14)]

빅토리아 시기의 산업화의 옹호자들은 인간의 육체를 노동력으로서 판단하였기에, 기계와 노동자는 상호 교환 가능한 것이었으며, 기계는 인간과 같이, 그리고 인간의 특징도 기계적인 것으로 묘사했기 때문이다. 20세기에 들어 인간과 기계의 구분은 더욱 흐려지고 있으며, 이제 인간과 기계가 서로 혼합되어 심리학자인 셰리 터클(Sherry Turkle)이 20세기 말의 인간 유형으로서 '튜링의 인간'(Turing's Man)[15)] 이라고 명칭한 새로운 잡종의 실체인 사이버네틱(Cybernetic) 유기체, 즉 사이보그의 개념이 일반화되고 있는 것이다. 이것은 신체 부분들의 교환과 대체에 의해 육체를 지우는 과정으로서, 20세기 후반의 새로운 기술의 문화인 사이버 문화(Cyber Culture)의 결과라고 할 수 있을 것이다.

사이보그는 원래 수학자인 노베르 비너가 만든 인공두뇌학을 가리키는 용어인 '사이버네틱스(cybernetics)와 오가니즘(organism)의 합성어로서, 사이버네틱스의 원리에 따라 제작된 기계-유기체, 즉 인간과 기계의 복합구성체'[16)] 로 정의된다. 이것은 20세기에 발전된 생체 기계의 두 가지 단계들 중의 하나로, 첫 번째는 체코의 작가 카렐 차펙(Karel Capek, 1890-1938)의 희곡 「로섬의 만능 로봇」(R.U.R: Rossum's Universal Robots, 1921)에 나오는 순수 기계인

14) Mary Jacobus와 Evelyn Keller는 다음과 같이 주장한다: "산업혁명이 도래하고 기계시대로 진입하면서 빅토리아인들은 인간과 기계 사이의 상호작용을 데카르트와는 매우 다른 용어로 묘사하도록 강요받게 되었다. 그 시대의 정치 경제 학자들은 인간 노동이 지니는 약점, 즉 비효율성과 규율의 결핍을 교정해주는 것처럼 보이는 기계의 덕을 찬양하며 이전에는 인간 생명에게만 부여되었던 행위 주체로서의 지위와 생산력을 기계에 수여했다." Mary Jacobus, Evelyn Fox Keller, & Sally Shuttleworth eds., *Body/Politics: Women and the Discourses of Science,* Routledge, 1990, p. 5, *Ibid.*, p. 34 재인용.

15) 영국의 수학자 Alen M. Turing(1912-54)이 1936년에 일련의 논리적인 계산규칙을 써서 가설적으로 고안한 계산기인 튜링의 기계로부터 나온 용어. *Ibid.*, p. 35참조.

16) *Ibid.*, p. 11.

로봇(Robot)[17] 이고, 두 번째가 혼성물로서, 부분적으로 인간이고, 부분적으로 에일리언 유형의 자동 인형인, SF 연속 살인마로 탄생되었던 사이보그이다.[18] 사이보그는 또한 인간-기계 혼합일 뿐만 아니라 인간과 동물, 혹은 다른 유기체와의 혼성까지도 포함한다.

물론 인간화된 자동기계의 역사는 이미 17세기 말과 18세기의 기계론적 세계관 속에서 나타난 바 있는데, 18세기 유럽 왕족의 궁정에서 자크 드 보캉송(Jacques de Vaucanson)이 만들어냈던, 먹고 마시고 날개짓하고 배설까지 했던 기계적 자동 오리(그림 5-29, 30, 31)의 예[19] 로부터 데카르트 자신이 가

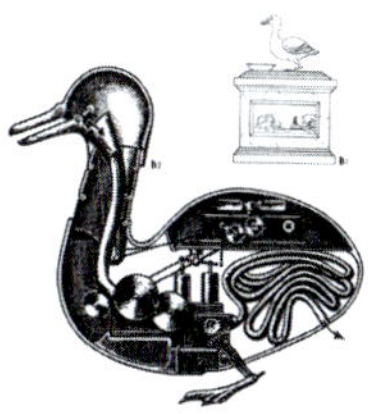

그림5-29. 보캉송의 기계식 자동 오리(Automaton)

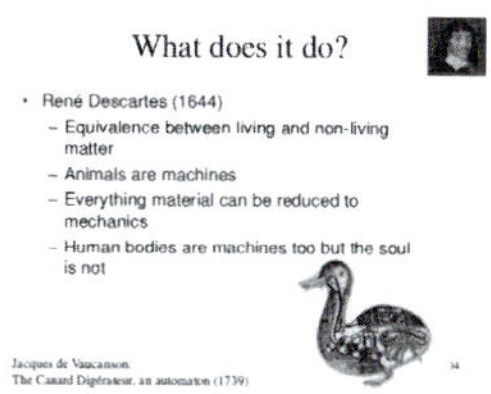

그림5-30. 자동 오리의 실명서

그림5-31. 보캉송의 자동 오리 기계장치

그림5-32. 기계 인형

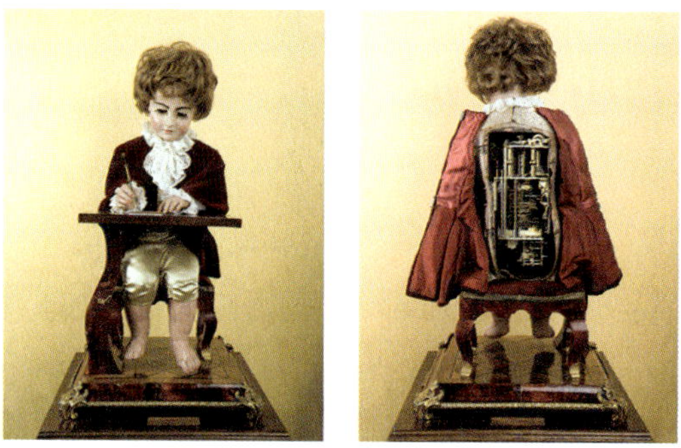

그림5-33. 자동 인형

17) Robot은 "지루함", "고된 일", 그리고 반복되는 공장 노동을 의미하는 체코어 robota로부터 파생된 용어이다. 그러나 이미 17세기 말과 18세기에는 인간화된 자동기계를 만드는 것이 유행이었는데, 예를 들어 18세기에 자크 드 보캉송(Jacques de Vaucanson)은 먹고 마시고 날개짓하고 배설까지 하는 기계 오리를 만들어 냈으며, 데카르트 역시 프랑신느라는 이름의 여성 자동인형을 가지고 있었던 선례들이 있다. Claudia Springer, *op.cit.*, p. 48참조.

18) 실제로 이 두 용어는 뉴욕의 록랜드 주립병원의 생체인공두뇌학(Biocybernetics)을 연구하던 두명의 학자인 만프레드 클라인스(Manfred Clynes)와 나단 클라인(Nathan S. Kline)이 제안했다.

19) Pamela McCorduck, *Machines Who Think*, San Francisco: W.H. Freeman, 1979, p. 14.

지고 다녔던 여성 자동 인형(그림 5-32, 33)의 예들이 그것이라고 할 수 있다. 심리학자 닐 프루드(Neil Frude)의 다음의 서술은 이것을 입증해준다:

"우리는 이 인물의 성격에 대해 거의 아는 바가 없지만 기계 인형이 자주 철학자의 여행 동료 노릇을 했다는 시사는 있다. 항해 중 여행 가방 속에 감춰졌던 프랑신느를 발견한 선장은 화를 내며 '그녀'를 배 밖으로 던져 버렸다. 데카르트에게 혼외 정사로 낳은 딸이 있었고 그녀와 불행하게 헤어졌다는 널리 알려진 사실에 의해 기묘한 왜곡이 제공된다. 몇몇 저술가들은 그 인형이 이 젊은 여성을 꼭 닮게 만들어졌을 것이라고 생각했는데, 그 딸 이름이 프랑신느였다는 점은 확실하다."[20]

과학사가인 다너 해러웨이(Donna Haraway)는 그러므로 「사이보그를 위한 선언문」(A Manifesto for Cyborgs)에서 "사이보그가 인간과 동물 사이의 경계가 위반되는 신화 속에서 등장하며... 동물-인간 유기체와 기계 사이의 경계, 육체적인 것과 비육체적인 것 사이의 경계를 애매하게 만든다"[21] 고 주장한다. 그러므로 안소니 비들러(Anthony Vidler)가 주장하듯, 레오노라 캐링튼(Leonora Carrington)의 소설 「공포의 집」(House of Fear, 그림 5-34)에 나오는 반인반마의 형상(그림 5-35, 36, 37)이나 막스 에른스트의 그림들에 나오는 인간-동물의 혼합체들(그림 5-38, 39) 역시 사이보그의 선례들에 해당될 수 있다.[22] 이러한 관점으로부터 사이보그는 20세기 후반의 모든 것이 혼성되고 장르와 영역을 넘나드는 문화와 기술의 결과물이라고 할 수 있을 것이다.

---

20) Neil Frude, *The Intimate Machine: Close Encounters with Computers and Robots,* New York: New American Library, 1983, pp. 148–9, Claudia Springer, *op .cit.*, p. 48 재인용.

21) Donna Haraway, "A Manifesto for Cyborgs: Science, Technology, and Socialist Feminism in the 1980s," in *Coming to Terms: Feminism, Theory, Politics*, Elizabeth Weed eds., Routledge, 1989, pp. 174, 176.

22) Anthony Vidler, "Homes for Cyborg", *The Architectural Uncanny*, The MIT Press, 1994, p. 149.

그림5-34. 레오노라 캐링튼, 공포의 집

그림5-35. 레오노라 캐링튼, 공포의 집의 반인반마.

그림5-36. 레오노라 캐링튼, 공포의 집의 반인반마

그림5-37. 레오노라 캐링튼, 공포의 집의 반인반마

그림5-38. 막스 에른스트, 구름 위에서, 1920

그림5-39. 막스 에른스트, 반인반수의 형상

사이보그가 "기계와 유기체의 잡종 교배로서, 사회적 실재임과 동시에 허구의 산물이며... 20세기 후반에 기계는 자연적인 것과 인공적인 것, 정신과 육체, 자기발전과 외적으로 디자인된 것, 그리고 유기체와 기계를 구분하는데 적용했던 무수히 많은 구분의 차이를 완전히 모호하게 만들었고... 우리의 기계가 혼란스러울 정도로 생명력을 가지며, 우리 자신은 놀랄 정도로 무기력하다"[23] 는 해러웨이의 주장은 이 점에서 의미를 지닌다. 그러므로 발전된 기술의 점진되는 디스토피아적 불안과 함께 사이보그의 꿈은 유토피아의 비전과 동시에 디스토피아의 악몽을 내포하는 듯이 보인다. "후기 자본주의 기술의 산물인 사이보그 문화는 모든 것을 포용하는 한

---

23) *Ibid*.

편, 현실을 제어하며, 약속들로 가득찬 유토피아이지만... 노동의 사이보그 식민지화의 꿈이 테일러리즘(Taylorism)의 악몽(**그림 5-40, 41, 42, 43, 44, 45**)을 목가적으로 보이게끔 만드는 꿈과 같이 보인다"[24] 는 해러웨이의 관점은 그러므로 사이보그의 미래에 대한 조심스런 전망이라고 할 수 있을 것이다.

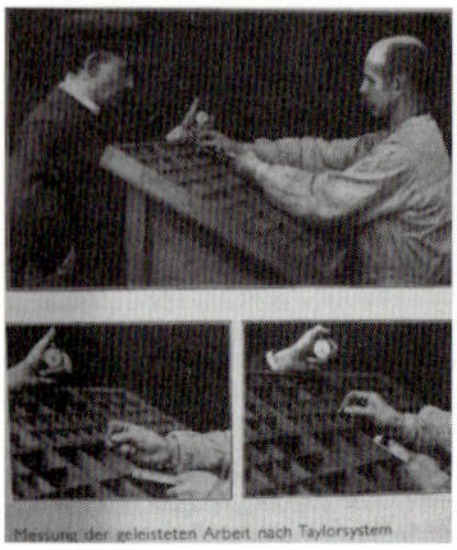

그림5-40. 테일러 시스템

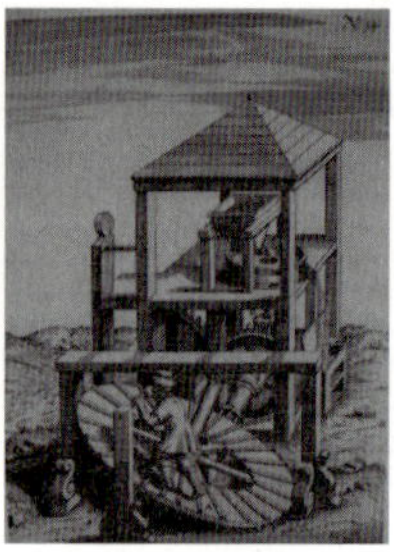

그림5-41. 테일러리즘의 악몽

그림5-42. 테일러리즘의 악몽

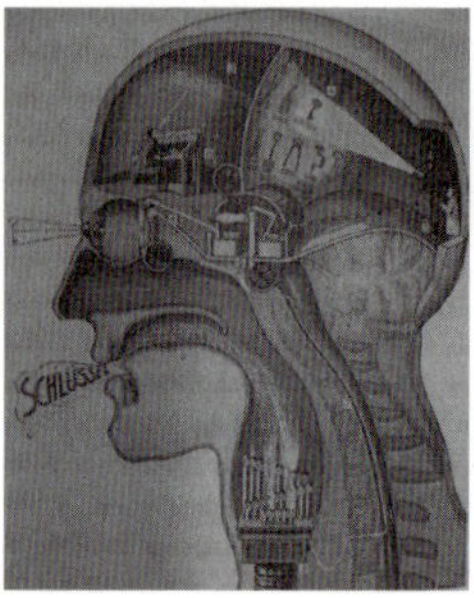

그림5-43. 테일러리즘의 악몽

그림5-44. 테일러리즘의 악몽

그림5-45. 테일러리즘의 악몰

사이보그의 육체 지우기 및 기계와의 결합은 실제로 다양한 사이버 문화들, 특히 그 가운데에서도 '가상현실'이라고도 불리는 사이버 공간 속에서 더욱 극단적인 실험을 하게 된다. 가상 현실 속에서는 육체 자체가 의미가 없어지기 때

24) *Ibid*.

문이다. '사이버 공간'은 하나의 공간적 은유일 뿐으로 실제로 나타나는 것은 새로운 사회적 관계의 형성과 인지적 경험일 뿐이다. 현실 속의 사회적 공간은 물체와 정보로 구성되지만 컴퓨터 네트워크상의 공간에는 정보만이 존재하기 때문이다."[25]

마찬가지로 1989년에 자론 레이니어(Jaron Lanier)가 "안경이 달린 헬멧(display)과 화이버옵틱 케이블로 감싼 옷, 장갑(dataglove) 등을 착용하고 움직이면서 스크린에 나타난 상"[26] 으로부터 만든 신조어, 즉 "인지자가 원격 현전을 경험하는 실제, 또는 모사 환경"[27] 인 '가상현실'(그림 5-46, 47) 역

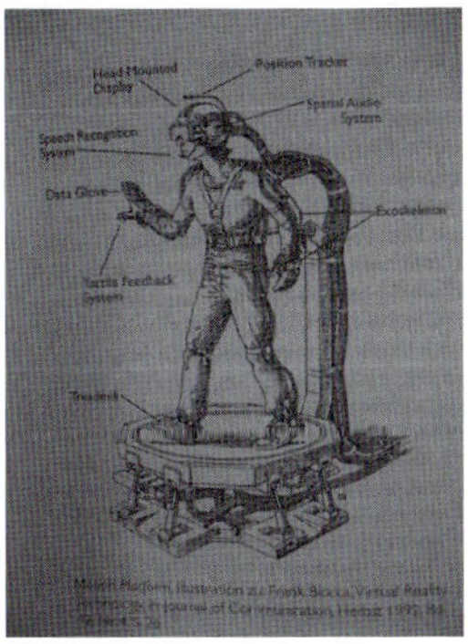

그림5-46. 가상현실 인식의 개념 그림5-47. 가상현실 인식 장치들

시 인지적 경험으로 나타나는 개념적 공간이다. 이러한 가상 현실의 세계에서 인간은 실제의 사이보그가 되어 실제의 육체를 포기하고 새로운 공간, 새로운 환경을 경험하게 된다. 그러므로 오타와 대학의 데이빗 토머스(David Tomas)가 분류한 두 가지 유형의 사이보그, 즉 "유기적인 인간 육체를 비유기적인 기계적, 전자적 이식물 또는 인공 기관과 결합시킨 탈유기적인 고전적(하드웨어 인터페이스된) 사이보그와 달리, 아무런 유기적 형태도 지니지 않으며 컴퓨터 소프트웨어에 보존된 인간 정신인 탈고전적(소프트웨어 인터페이

25) 홍성태 편, *op.cit.*, pp. 31, 32.

26) 김민수, 「21세기 디자인 문화 탐사」, 솔, 1997, pp. 236, 237.

27) Jonathan Steuer, "Defining Virtual Reality: Dimensions Determining Telepresence," *Journal of Communication* 42(4), Autumn 1992, pp. 75-77, 홍성태 편, *op. cit.*, p. 36 재인용.

스된), 초유기적(transorganic)이고 정보에 기반한 사이보그"[28] 를 위한 공간이 바로 이러한 사이버 공간이다. 예를 들어 허구 속의 인물이 전자적으로 회로화된 두뇌 안에 직접 소프트웨어를 탑재할 때 그들 역시 사이보그로 분류된다고 할 수 있다. 사이버 공간 속에서는 "실재와 허구 사이의 경계가 붕괴되는 한편 사이보그 개념에 의해 데카르트식의 정신과 육체의 이원론도 궁극적으로 사라지는 것이다."[29]

5.3 사이버 문화와 테크노 에로티시즘

그림5-48. 프란시스 피카비아, 러브 퍼레이드

"달리는 자동차는 자모트라케(Samotrache)의 니케(Nike) 보다 아름답다"는 마리네티(F. Marinetti)의 주장과 같이 기계에 대한 미래파(Futurist)적 찬양은 모던 인간들의 모든 문화와 사고를 지배해왔다. 산업 혁명 이래 급속히 발전한 기계와 테크놀로지는 인간 육체의 노동력을 대체하는 것을 넘어서 숭배의 대상으로 되었으며, 나아가 물신화(fetishism)의 첫 번째 대상으로 되었기 때문이다. 기계에 대한 물신숭배(그림 5-48)는 이제 에로틱한 욕망의 영역으로까지 나아간다. 이것은 클라우디아 스프링거(Claudia Springer)가 주장하듯,"욕망의 테크놀로지 대상을 열광적으로 찬양하는"[30] 「테크노 에로티시즘」(Techno-Eroticism)이라는 용어로 설명이 될 수 있다.

---

28) Claudia Springer, *op. cit.*, pp. 36, 37.

29) *Ibid*., p. 55.

30) Claudia Springer, *Electronic Eros*, 정준영 역, 「사이버 에로스」, 한나래, 1998, p. 15.

에로티시즘의 본질이 금기를 향한 위반의 충동이며, 죽음의 향기에 대한 끝없는 유혹이듯이, 이태리 미래파들이 1차 세계대전의 기계화된 전장에서 자발적으로 죽음을 선택했으며, "전쟁은 아름답다. 그것은 오래 꿈꾸던 인간 육체의 금속화를 시작한다... 전쟁은 아름답다. 그것은 새로운 건축, 거대한 탱크, 기하학적 형태의 비행 편대(그림 5-49), 불타는 마을에서 오르는 연기, 또 아름다운 구조를 창조한다"[31] 라고 전쟁의 기계화된 추상적 미를 찬양했다는 사실은 테크놀로지의 에로틱한 유혹을 설명해준다.

그림5-49. 기하학적 형태의 비행편대

영화학자 K.C. 달레상드로(K.C.D' Alessandro)의 다음의 주장은 이것을 더욱 확실하게 보여준다:

> "기관차, 자동차, 피스톤, 터빈 등을 묘사하면서 성적 은유를 사용하는 것. 기계 숭배와 미래주의 운동, 「카메라를 든 사나이 (The Man with a Movie Camera)」(그림 5-50), 「스코피오 라이징 (Scorpio Rising)」. 이런 것들이 테크놀로지 애호가(technophiliac)들이 테크놀로지에 대한 열정을 표현한 몇가지 방식들이다. 테크놀로지 애호가들에게 테크놀로지는 에로틱한 스릴을 제공해 준다. 타인들을

그림5-50. 지가 베르토프, 카메라를 든 사나이

31) Fillippo Marinetti, La Stampa Torino, Walter Benjamin, 김우창 역, "기계복제 시대의 예술작품", 유종호 편, 「문학 예술과 사회상황」, 민음사, 1986, p. 48 재인용.

통제하는 데 사용할 수 있는 거대한 힘을 통제하는 스릴을... 이들 기계의 물리적 현현—크기, 무게, 형태, 찌르고 정지하고 다시 압박하는 움직임—은 거대한 규모에서의 인간의 성적 반응을 재현한다. 산업 시대의 테크놀로지 속에는 존경스러운 점이 많이 있다."[32)]

마찬가지로 리 하트(Lee Hart)는 기계 자체가 성적 욕망과 에로틱한 환상에 의해 동기화되었다고 시사하며, "기계가 잘 맞춰진 다이얼의 융기된 젖꼭지를 '인식'할 때 기계는 성적인 환상을 잘 지닐 수 있다"[33)] 고 주장한다. 나아가 문화 비평가 마크 더리(Mark Dery) 역시 "기계처럼 섹스하는 것보다 더 좋은 유일한 것은 기계와 섹스를 하는 것이다."[34)] 라고 '기계적 에로티시즘'(mechano-eroticism)에 대해 논한다. 예를 들어 데이빗 크로넨버그의 「엑시스텐즈」(eXistenZ, 1999, 그림 5-51)는 생물체의 장기와 같이 생긴 바이오포트(그림 5-52, 53)를 인간 신체의 구멍을 통해 신경 중추에 연결하여 탯줄과 같이 생

그림5-51. 데이빗 크로넨버그, 엑시스텐즈, 1999.

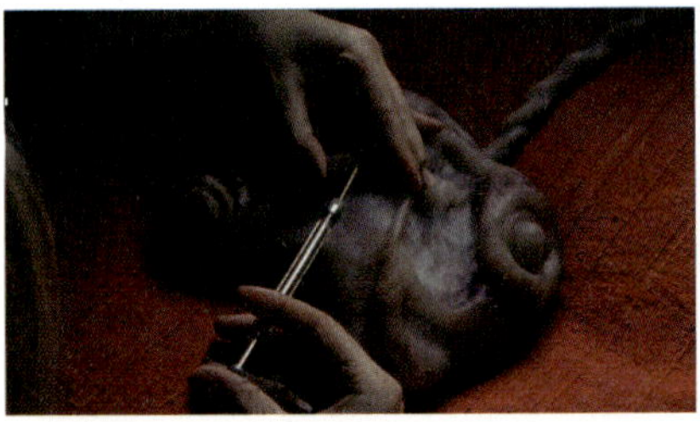

그림5-52. 엑시스텐즈, 생체적 장기 같은 바이오포트

그림5-53. 엑시스텐즈의 생체적 기계장치로 하는 섹스

32) K.C. D'Alessandro, "Technophilia: Cyberpunk and Cinema," paper delivered at the Society for Cinema Studies conference, Bozeman, Montana, July 1988, p. 1, Claudia Springer, *op. cit.*, P. 16 재인용.

33) Dale Riepe, "Review of Philosophy and Cybernetics, ed. Crosson & Sayre," *Technology and Culture* 9, October 1968, p. 627, *Ibid.*, p. 78 재인용.

34) Mark Dery, "Sex and the New Media," *New Media* 3. no. 4, April 1993, pp. 38–45.

긴 줄로 연결된 유기적 게임기를 사용해 가상의 현실 속에서 현실보다 더욱 현실적이고 자극적인 섹스를 경험하도록 한다.

데이빗 크로넨버그가 1996년에 영화화했던 그래엄 발라드의 「충돌」(Crash, 1973, 그림 5-54) 은 산업 시대의 테크노 에로티시즘의 주요 대상이었던 자동차[35] 에 대한 에로틱한 숭배를 극단적으로 묘사한다. "아내를 살이 아니라 플라스틱이나 크롬으로 만들어진 것처럼 묘사하며, 항상 아내의 비인간적일 만큼 완전한 부드러움에 매혹을 느끼는"[36] 주인공이 기계의 형태에 대해 매력을 느끼며, 의도적으로 자동차 사고를 냄으로써, 상처를 낸 육체를 기계 —혹은 기계적 보철 장치—로 대체하려는 시도는 에로티시즘의 금기적 유혹을 위해 육체의 손상과 육체의 변형, 그리고 나아가 육체의 소멸로까지 나아가려는 관점, 혹은 거꾸로 기계의 육체화라는 관점을 보여준다.

그림5-54. 데이빗 크로넨버그, 충돌, 1996

이것은 테크놀로지 자체를 에로티시즘의 대상으로 보려는 시도로서, 소설 속 주인공들의 자동차를 매체로 한 섹스 행위는 "그들 주위의 테크놀로지적 메마름에 영감을 받은 듯 기계의 사용 설명서에나 나올 법한 건조하고 정확한 산문으로 묘사"[37] 되고 있다. 그러므로 "마음 속에서 본은 전세계가 동시에 차 사고로 함께 죽어감을 보았다. 수백만대의 차들이 돌진하는 음부와 엔진 냉각수의 마지막 회합 속으로 달려 들었다"[38] 라는 발라드의 묘사는 "오늘날 사회에서 인간의 삶을 묘사하는 총체적인 은유로서의"[39] 테크노

35) *Ibid.*, p. 17.

36) *Ibid.*, p. 18.

37) *Ibid.*

38) J. G. Ballard, *Crash*, New York: Vintage, 1985(1973), p. 16, *Ibid.*, 재인용.

39) J. G. Ballard, "Introduction to the French Edition," *Ibid.*, P. 19 재인용.

에로티시즘에 대한 정확한 예견에 다름이 아니라고 할 수 있다.

발라드의 「충돌」이 "섹슈얼리티에 대한 도덕과 심리학, 관습적 관념들을 회피하고 실재와 시뮬레이션 사이의 구분을 모두 넘어서서... 하이퍼 리얼리티를 성취한다는 점에서 독특하다"[40] 라고 주장하는 "보드리야르(Jean Baudrilliard)의 입장이, 기계에 참가하여 남성 육체의 소프트웨어를 하드웨어로 전환시키려는 포스트 모던적 욕망을 묘사하는 데 있어서 찬양적이고 차갑게 확장적이라면, 발라드의 입장은 아이러니컬하고 차갑게 환원적"[41] 이라는 비비안 소브책(Vivian Sobchack)의 주장은 「몬도 2000」(Mondo 2000)[42] 같은 잡지에서 보여지는 현대의 무조건적인 테크놀로지 애호증에 대한 경고를 보여준다. 발라드가 「충돌」에서 새로운 테크놀로지들과 연관되어 테크노 에로티시즘이 번성하게 될 것이라 예측하며, "어떤 상처가 핵 융합 반응과 흰 타일로 마감된 통제실, 컴퓨터 회로의 신비한 시나리오라는 눈에 보이지 않는 테크놀로지의 성적 가능성을 창조하게 될 것인가?"[43] 라고 말한 것은 테크노 에로티시즘이 이미 현대 사회의 피할 수 없는 주제로 되었음을 시사하기 때문이다.

테크노 에로티시즘의 은유는 필연적으로 사이버네틱스와 사이버 공간의 유혹으로 이끈다. 에로스의 영역만큼 가상 현실의 효과가 극명하게 나타나는 곳은 없으며, 브루스 클락(Bruce Clark)이 지적하듯이, "원래 성적인 것은 육체의 침범과 와해이기 때문이다."[44] 하워드 레인골드(H. Rheingold)가

40) Jean Baudrilliard, "Ballard's Crash," *Science-Fiction Studies* 18, no. 55, part 3, November 1991, pp. 313–20, *Ibid*. 재인용.

41) Vivian Sobchack, "Baudrilliard's Obscenity," *Science-Fiction Studies* 18, no. 55, part 3, November 1991, pp. 327, *Ibid.*, p. 20 재인용.

42) Rudy Rucker, R.U. Sirius, Queen Mu, *Mondo 2000 User's Guide*, Thames and Hudson, 1992.

43) J. G. Ballard, Crash, p. 179, Claudia Springer, *op.cit.*, p. 21 재인용.

44) 홍성태 편, *op. cit.*, p. 54.

육체성의 부재가 에로티시즘과 얼마나 강력하게 상호 작용하는지를 밝히기 위해 「몬도 2000」에서 '텔레딜도닉스'(teledildoniques, 원격 섹스장치, 그림 5-55)에 관해 발표한 다음의 글은 테크노 에로티시즘과 사이버 공간과의 관계를 잘 설명해준다:

그림5-55. 텔레딜도닉의 실험

"편안하게 패드가 깔린 방에 올라가서 머리에 올려 놓는 화면장치를 쓰기 전에 당신은 가벼운—결국에는 속이 훤히 비치는 것을 원하겠지만—보디 슈트 속으로 들어간다. 그것은 보디 스타킹과 같은 것이지만 콘돔과 같이 밀착되면서 아늑한 느낌을 준다. 옷의 내부 표면에는 아직까지는 존재하지 않는 기술을 이용한 인공 지능 효과기가 배열되어 있다. 이 효과기는 다양한 경도를 지닌 매우 작은 진동기로 구성되어 있다. 1 평방인치 안에 수 백개가 들어 있는 진동기는 시청각 출력 표시 장치가 생생한 시각적, 청각적 현장감을 전달하는 것과 같은 방식으로 생생한 촉각적 현장감을 수신하고 송신한다"[45]

여기서 텔레딜도닉스의 환상은 부재 기표로서의 육체가 어떻게 변형의 에로티시즘이 되는지를 보여주는 것으로, 육체는 시각적 화면을 통해서 뿐만 아니라 근각을 통해서 기술 표현으로 변하는 것, 다시 말하자면, 다른 생물학적 형태로 변하는 것 뿐 아니라 몸을 지닌 육체와 가상 육체가 결합된 결과로 생긴 사이보그로 변신하며 사이버스페이스의 세계로 들어가게 된다.

45) Rheingold, "Teledildonics: Reach Out and Touch Someone," *Mondo* 2000, Summer 1990, p. 52, *Ibid.*, p. 55 재인용.

5.4. 살기 위한 기계 vs 사이보그 주택

건축과 인간 육체와의 관계는 기술과 기계에 대한 관점의 변화로부터 추적할 수 있다. 안소니 비들러가 주장하듯이, "제1기계시대에 주택을 위해 선호되는 은유가 르 꼬르뷔제의 '살기 위한 기계'(a machine for living in)로 대표되는 공업적인 것이었다면, 제2기계시대에는 보철 기구와 예방으로서의 주택같이 의학적인 것"[46] 이라고 할 수 있을 것이다. 그리고 이러한 발전된 의학은 유기체와 비유기체와의 구분을 애매하게 만듦으로써 육체와 건축, 육체와 오브제 사이의 관계를 역전시키고 있다.

중세와 르네상스 때부터 인간 육체는 건축물과 동일시되었다고 할 수 있다. 전통적으로 "사회와 도시, 건물들은 인간 신체의 이미지로 묘사되었으며, 비트루비우스가 건축적 원천을 제공한 의인화된 유추의 세계 속에서 묘사되었기 때문이다."[47] 예를 들어 알베르티(Alberti)나 프란체스코 디 조르지오(Francesco di Giorgio), 필라레테(Filarete) 같은 르네상스 이론가들에게 있어서 건축은 하나의 정교한 신체(그림 5-56)로서, 도시를 하나의 사회적, 정치적 신체로 본다면 신체의 중심지가 성당과 교회였다고 할 수 있다. 이후 신체는 기계와 동일하게 간주되기 시작했으며, 신체와 기계, 건축물은 상호 대체되는 개념으로 발전되고 있다. 예를 들어 "18세기 말의 테논 박사(Dr. Tenon)의 '치료기

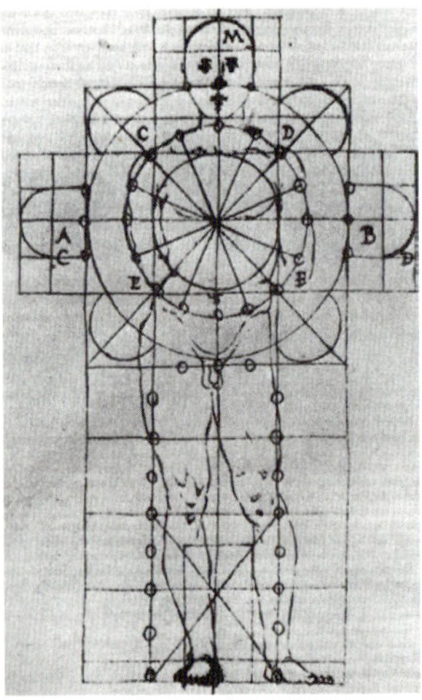

그림5-56. 프란체스코 디 조르지오, 신체로서의 건축

46) Anthony Vidler, *op.cit.*, p. 147.

47) Georges Teyssot, *The Mutant Body of Architecture*, p. 23.

계'(healing-machine)로부터 건축가 아돌프 란스(Adolphe Lance)의 '주택기계'(house-machine, 1853), 폐의 호흡을 재생산하는 '인간의 가슴용기'로 여겨진 헨리 프로벤살(Henry Provensal)의 1908년 건물, 그리고 르 꼬르뷔제의 '거주-기계'들"[48] 은 인간 육체와 건축, 기계를 동일시한 개념들로부터 나온 결과들이라고 할 수 있다.

실제로 육체와 건축 공간과의 관계는 육체를 기계와 동일시한 테일러리즘의 과학적 관리방식으로부터 분명하게 밝힐 수 있다. 19세기 말에 건축이 공업화의 개념으로 재정의됨에 따라 건축 공간 내의 인간 육체 역시 공업적 생산성, 즉 경제적 관점으로 해석되기 시작했는데, 그것은 공간 속에서의 신체의 동작을 테일러리즘에 의해 합리적으로 계산하고 표준화함으로써 노동의 효율을 극대화하려는 노력으로 나타나고 있다. 육체의 동작은 공학적으로 되어야 했으며,(그림 5-57, 58, 59) 공장, 사무실, 학교, 병원 뿐만 아니라 가정 내에서까지 최소한의 노동력으로 최대한의 효율을 올리기 위한 공학적 육체의 개발이 과제로 되었다고 할 수 있다

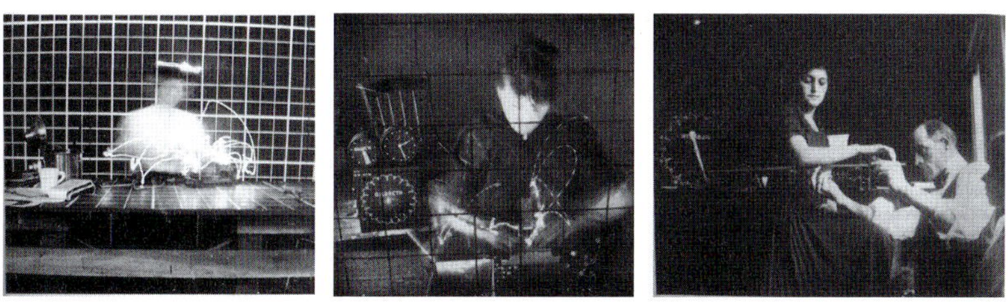

그림5-57. 프랭크 길브레스, 공간 속의 운동의 궤적

그림5-58. 프랭크 길브레스, 공간 속의 손놀림의 궤적

그림5-59. 프랭크 길브레스, 물의 운동궤적 실험, 1925

20세기 초반 10년간 과학적 관리 방식이 가정에 소개되고 있는데, 예를 들어 "몸 동작의 이상적인 형태와 궁극적으로는 이상형의 노동자를 디자인하기 위한 의도로 공장 직원들의 모든 동작을 분석하기 위해 개발되었던

---

48) *Ibid.*, p. 24.

시간 동작 연구(시간과 작업 능률과의 상관조사)가 이상적인 가정주부를 만들어내기 위해 가사 일에 쓰이는 모든 동작을 조사하도록 가정으로 유입되고 있다."[49] 테일러리즘적 신체 과학은 프랭크 길브레스(Frank Gilbreth)의 '벽돌쌓기의 효율을 높이기 위해 신체의 동작을 줄이기 위한 계산'(그림 5-60)으로부터 가정 주부의 공간 내의 활동 궤적에 관한 연구들(그림 5-61), 크리스틴 프레데릭(Christine Frederick)의 '탁자와 싱크대, 다림질 판 위에서의 구부리는 최소한의 동작에 대한 계산'[50],(그림 5-62, 63, 64) 그리고 그것의 영향에 의해 가장 효율적인 가사노동을 위한 실험적 계획이었던 '프랑크푸르트 주방'

그림5-60. 프랭크 길브레스, 벽돌쌓기 실험

그림5-61. 가정주부의 공간 내의 활동 궤적 연구

그림5-62. 크리스틴 프레데릭, 가사 노동의 동선 실험

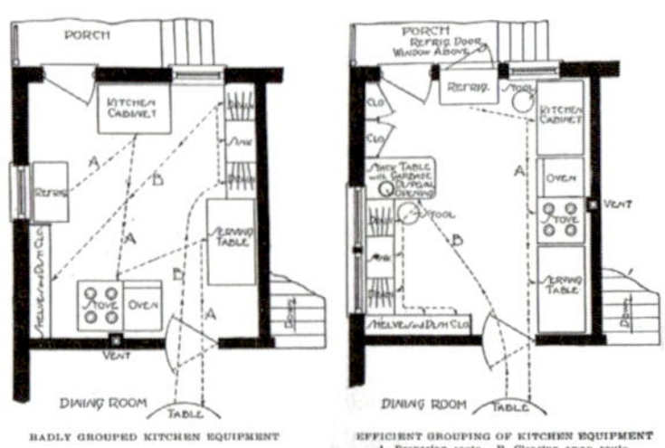

그림5-63. 크리스틴 프레데릭, 노동 동선을 보여주는 평면

49) *Ibid.*, pp.40, 41.

50) 이에 의하면 22인치를 구부려 바닥에서 3인치까지 도달하는 것은 산소 소비량에 있어서 서 있는 것보다 75%를 더 요구하고, 1분당 131%를 더 요구한다.

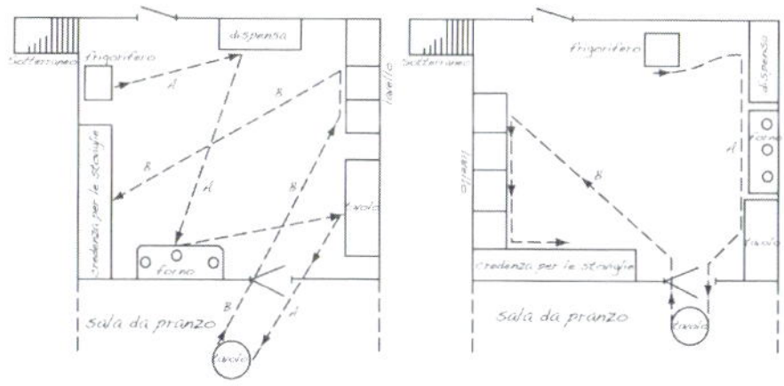

그림5-64. 크리스틴 프레데릭, 주방에서의 동선 실험

그림5-65. 에른스트 마이, 프랑크푸르트 주방, 1925

(1925, 그림 5-65)에 이르기까지 건축 공간 내에서의 육체의 기계화의 방식으로 나타났다고 할 수 있다.

르 꼬르뷔제의 '살기 위한 기계'로서의 건축 역시 최대 효율성을 지닌 기계로서의 건축과 그 기계의 부품으로서의 인간 육체를 전제로 한 것이다. 건축물 자체는 기계와 같이 완벽하고 효율적인 기능을 지녀야 했으며, 그 속의 신체는 이러한 기계를 가장 효율적으로 이용하도록 디자인 된다. 여기서 건축-기계는 인간의 효율적 동작에 맞추어지며, 육체의 신체물리학을 위해 봉사하도록 된다. 이것은 일종의 위생학적 관점으로 볼 수 있으며, 실제로 육체의 위생학(그림 5-66)은 이미 19세기부터 다양한 보철 장치들, 예를 들자면 조르쥬 비가렐로(Georges Vigarello)가 '지지장치'라고 묘사한 슈레버(Schreber)의 "누워있고, 앉고, 서있는 동안 바른 자세를 만들어주기 위한"

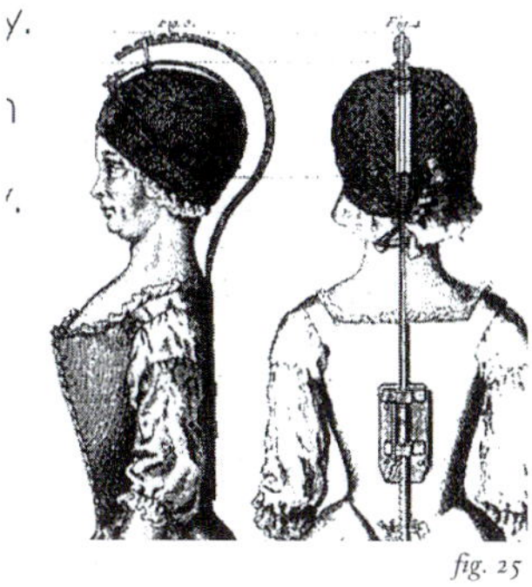

그림5-66. 레바셰르 드 라 퐈트리, 신체 교정 기계, 1772

그림5-67. 슈레버의 학습 자세 교정기

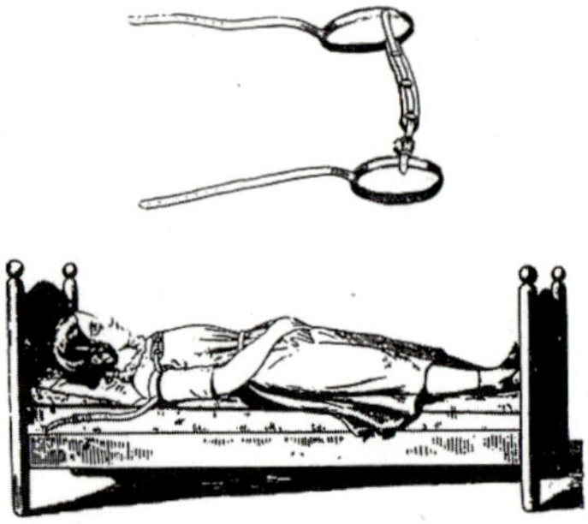

그림5-68. 슈레버의 취침자세 교정기

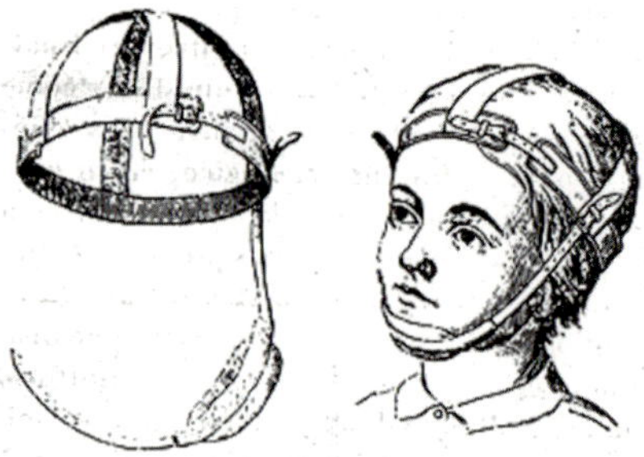

그림5-69. 슈레버의 안면 교정기

자세교정기(그림 5-67, 68, 69)나 기계시대를 위한 정숙 허리띠, 육체미 보조기구들 같은 길브레스의 테일러식 가구들을 통해 건축 공간과 육체를 연결해 주었다고 볼 수 있다.

르 꼬르뷔제의 '살기 위한 기계' 역시 인간 육체와 관련된 다양한 보철 장치들을 수용하고 있다. 그는 다음과 같이 '인간 신체 일부의 오브제'(objets-membres-humains)에 대한 주장, 그리고 유형의 요구와 기능에 부합되며 우리의 팔 다리의 자유로운 확장으로 수행되는 오브제-유형들(objet-types)에 대한 주장을 한다:

> "앉기 위한 의자, 일하기 위한 책상, 조명장치, 글쓰기 위한 기계, 파일을 넣을 선반들... 신체와 조화를 이루기 위해 적절히 디자인된 인간 팔 다리의 오브제는 다루기 쉬운 하인과 같이 똑같이 동작할 것이다. 좋은 하인은 그의 주인을 자유롭게 해주기 위해 주제넘지 않으며, 신중하다."[51)]

이것은 육체에 봉사를 하기 위한 모더니스트의 오브제-기계였다고 할

51) Le Corbusier, *L'Art décoratif d'aujourd'hui*, 1925, pp. 76, 79, Anthony Vidler, *op.cit.*, p. 157 재인용.

수 있다. 또한 르 꼬르뷔제의 '인간의 주택'에서 기술은 '오브제-유형'의 형태를 취했으며, 자연과 기계, 유기적인 것과 비유기적인 것 사이의 경계는 명백했다고 보아야할 것이다. 그에게 있어서 "유기체-오브제는 은유일 뿐이었지 실제가 아니었으며," [52] 모더니스트의 기능주의는 기본적으로 반유기적, 합리적인 노선을 취했기 때문이다.

그러나 당시에 이미 일련의 초현실주의자들은 모더니스트들의 차가운 추상과 기능주의에 대항해 심리학적 요구들에 더욱 부합되며, 유기체적인 건축을 요구하고 있다.[53] 예를 들어 트리스탄 짜라(Tristan Tzara)는 르 꼬르뷔제와 미스 반 데어 로에의 합리주의 주택에 반대하여 '가장 친숙한 장소로서의 어머니의 생식기, 어머니의 몸'으로서의 '자궁 내의 건축'(intrauterine architecture, 1933)을 주장했으며, 마타 에코랑(Matta Echaurren)은 1938년 초현실주의 잡지 「미노타우르」(Minotaure) 11호에서 부르주아 주택의 일상적 장소들에 공격하기 위해 '감각에 바쳐지는 아파트를 위한 자궁 내적 디자인', 즉 "서로 다른 층들과 손잡이가 없는 계단 등으로 이루어진 진정한 현기증의 기계"[54] 로써 전체의 공간이 인공적 자궁을 닮은 건축을 발표하고 있다.

마찬가지로 살바도르 달리(Salvador Dali) 역시 가우디(Antonio Gaudí)와 아르누보(Art Nouveau)의 "먹을만한"(edible) 건축에 대해 그것의 "변형적 이미지와 생물학적인 것과 구축적인 것 사이의 교차의 이미지, 건물과 심리 분석 사이의 교차의 이미지, 건축과 히스테리아 사이의 교차의 이미지"[55] 등을 찬양한다. 나아가 프레데릭 키슬러(Frederick Kiesler)는 실제적으로 1924년부터 1965년까지 다양한 판의 '끝없는 집'(Endless House, 그림 5-70, 71)계획을 보여주

---

52) *Ibid.*, p. 37.

53) 예를 들어 앙드레 브르통과 르 꼬르뷔제 사이의 논쟁에서, 초현실주의의 모더니스트 기능주의에 대한 반감은 주로 추상에 관한 것이었으며, 브르통에게 있어서 모더니스트 기능주의는 집합적 무의식의 가장 불행한 꿈이자 폭력적이고 잔인한 자동주의 속 욕망의 응결이었다. *Ibid.*, p. 150 참조.

54) Matta Echaurren, "Mathématique sensible– Architecture du temps," *Minotaure* 11, (1938): 43, *Ibid.*, p. 153.

55) *Ibid.*

그림5-70. 프레데릭 키슬러, 끝없는 집

그림5-71. 프레데릭 키슬러, 끝없는 집 디테일

고 있다. 물론 당시에 이러한 자궁적 존재의 따뜻하고 폐쇄된 공간은 오히려 낯설고 불편한 이상한 공포의 공간으로 여겨졌지만, 모더니스트의 유기체와 비유기체 사이의 엄격한 분리 대신, 사이보그의 본성과 같이, 정신과 육체, 유기적인 것과 비유기적인 것의 경계를 흐리게 만드는 새로운 시도들이었다고 보아야 할 것이다.

이제 제2기계시대의 사이버네틱스와 생체기술(biotechnology)의 발전 속에서, 유기적인 것과 비유기적인 것 사이의 경계는 점점 더 불확실해지며, '살기 위한 기계'에서 기술과 오브제가 육체에 봉사를 하기 위한 것으로 나타났다면, 사이보그를 위한 주택에서는 육체가 기술에 의해 침략이 되며, 돌연변이로 재형성되고, 공간이 그 자체로서 내부와 외부, 시각적, 심리적, 물리적으로 혼동을 하게 되는 차원을 취하게 된다. "'살기 위한 기계'의 '인간-유형'(L'homme-type) 과 모듈러 근육 인간(Modulor muscleman) 은 보철기구들과 약물, 육체 조각들의 조합을 통해 잠재적으로 성별이 없는 돌연변이, 즉 사이보그로 나타나며, '살기 위한 기계'는 '사이보그를 위한 주택'으로 나타나게 된다."[56]

56) *Ibid*., p. 147.

딜러와 스코피디오의 '후퇴하는 방'(with Drawing Room, 1987, 그림 5-72, 73)에서 TV는 그것의 튜브와 전선들이 노출된 채 내부를 드러냄으로써 생물체적 유사물로 바뀐다. 이 기계장치들은 한편으로 외과적으로 절개를 당하면서 동시에 주택을 침략하는, 기술적으로 구축된 거대한 힘을 전시하듯이 공격을 한다. 예를 들어 수직으로부터 수평으로 옮겨진 TV 스크린은 더 이상 관습적 시각이 아니라 그것을 대체하는 거울 속에서 반영이 되며, 편안함을 주기 위해 있는 의자들은 거꾸로 그것의 가장 취약점에서 앉는 육체를 공격하기 위해 잘려진다. 이제 주택의 오브제들은 더 이상 봉사를 하거나 종속을 위한 주체가 아니며, 육체에 대해 반격을 한다. 오브제들은 이제 독립되었던 육체들과 혼합을 하며, 저항을 하고, 그것을 사용하는 사이보그들과 같이 모든 인정된 코드들을 뒤섞는 동시에, 우리가 그것들을 기계로 만들듯이 그것들이 우리를 기계로 만든다.

그림5-72. 딜러+스코피디오, 후퇴하는 방, 1987

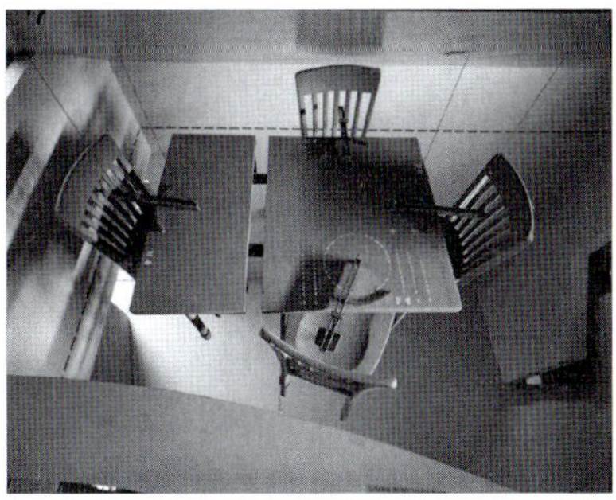

그림5-73. 딜러+스코피디오, 후퇴하는 방, 1987

MoMA에서의 설치 공간이었던 '패러사이트'(Para-site, 1989, 그림 5-74)에서 비디오 카메라와 3개의 모니터, 거울 등의 오브제는 스크린과 카메라, 관찰자와 관찰되는 자에 의해 설정되는 시각적 네트워크 속에서, 시각의 객체와 주체 사이의 경계를 애매하게 만듦으로써 가상 신호들의 체계 속에서 사이보그의 공간을 창조한다. 이제 주택의 물리적 공간의 의미는 점차 변화되며, 전통적인 '방'과 '가구'들조차 덜 필요하게 된다. 사이보그의 시

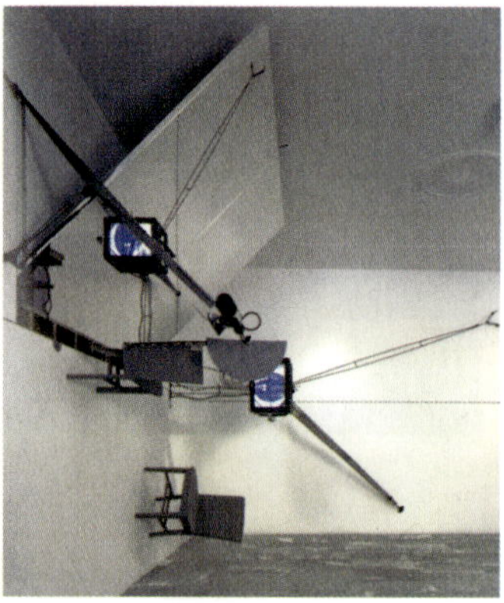

그림5-74. 들러+스코피디오, 패러사이트, 1989.

대에 '살기 위한 기계'는 "부분-자연이고 부분-보철적인 개인들이 점유하며, 벽들이 그들의 관찰자들의 시선을 반영하고, 주택이 그것의 점유인에게 고요한 위협을 전달하는, 잠재적으로 위험한 정신병리학적 공간으로 바뀌었다"[57] 고 할 수 있을 것이다.

5.5. 사이보그의 신체감각과 건축

새로운 디지털 시대의 건축과 도시 계획은 공간 속의 육체를 재이론화하는 것으로부터 시작한다. 사이보그들의 육체는 기존의 유기적 조직과는 근본적으로 다른 메커니즘으로 이루어지기 때문이다.

(1) 새로운 피부 – 전자 신체망 – 공간과 육체의 혼합

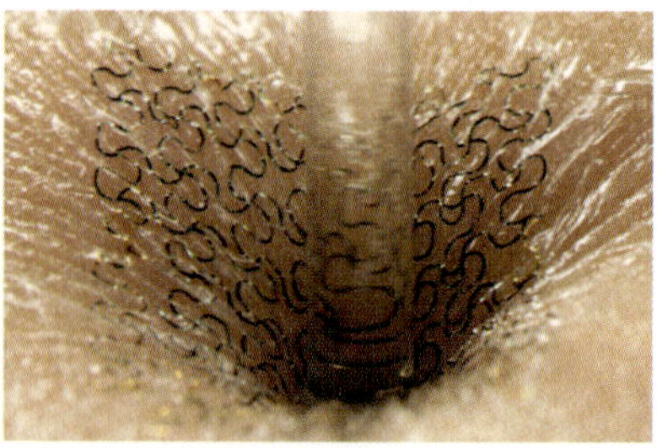

그림5-75. 칩이 이식된 스마트 피부

소형 전자제품의 발전은 사이보그를 위한 의복과도 같이 다양한 칩으로 피부에 이식(그림 5-75)되어 육체에서 피부의 경계는 무너지게 될 것이다. 일단 피부의 경계가 무너지면 전자 기관들 중의 일부가

57) *Ibid*., p. 161.

우리의 환경 속에 구축되며, 우리는 건축의 세계 속으로 섞여 들어가게 될 것이다. 모든 전자 장치들이 계산과 원격통신 능력을 내장한 상황에서 '거주'(inhabitation)의 의미는 육체를 건축학적으로 규정된 공간 속에 두는 것과는 별 관련이 없으며, 신경계를 전자조직에 연결시키는 것과 더 관련이 있게 된다. 그러므로 방과 집은 우리의 일부가 되고, 우리는 그것들의 일부가 되는, 무경계의 공간이 탄생된다. 우리는 공간 속에서 우리를 확장할 수 있는 변형 사이보그로 될 것이며, 신체망에 의해 연결된, 착용 가능한 이식 전자 기관들에 의해 신체의 경계와 신경계의 경계가 덜 결정적으로 됨에 따라 정신과 육체의 구분은 정신과 네트워크의 문제로 될 것이다(그림 5-76, 77).

그림5-76. 스텔락, 제3의 손, 도쿄 공연, 1981

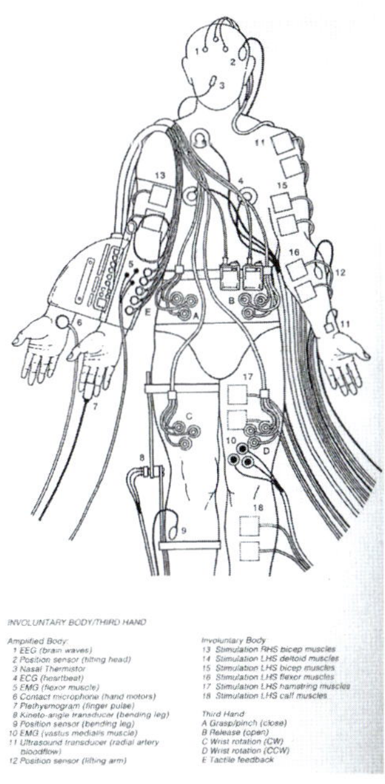

그림5-77. 스텔락, 제3의 손 장치들

(2) TV Eye – 동시적 공간

사이보그의 세계에서는 비디오 카메라의 전자 망막이 단층과 단편들을 산출한다. 방과 건물들은 새로운 종류의 틈을 갖게 되며, 유리를 통해 보는 장면들은 재측정되고, 순간 순간 변하고 되풀이될 수도 있다. 모든 사이보그들의 시선은 전 세계에서 동시에 방영되거나, 혹은 시간상으로 뒤로 갈 수도 있는 모니터 창을 향해 역 팬옵티콘적으로 모인다. 실내 벽면은 거대한 평면 비디오 스크린으로서, 보통 때는 일반 건축물의 표면이지만 작동이 될 때는 모든 것에 감응하는 전자창이 된다.

(3) 원격통신 귀 – 시 · 공으로 분리된 공간

신체 구성 방식의 변화는 계속해서 중복되고, 치환되고, 시간에 따라 변하는 시청각 기관과 함께 도시 공간과 시간의 리듬을 불일치 시킨다. 원격통신 사이보그들은 시 · 공간적으로 분리된 소리의 세계를 통해 지도상에는 없는 공간 속에서 만난다.

물리적 공간과 사이버 공간의 건축가들은 이제 점차 복잡한 방식으로 교차되며 혼성이 된다. 건축가들은 전자적으로 확장과 변형이 가능한 가상 육체를 위한 공간을 생각해야 할 것이다. 육체 자체는 이제 건축 공간과 유기적으로 혼성되어 사이버 공간의 교감적 환각 속으로 끝없는 여행을 할 것이기 때문이다.

디지털 시대 사이보그를 위한 사이버 공간의 미래에 대해 건축학자 조택

연은 다음과 같이 유비쿼터스(ubiquitous)의 환경[58] 으로 묘사를 한다. 이러한 환경이야 말로 사이보그와 사이보그적 건축을 위한 궁극적 건축 공간이라고 할 수 있기 때문이다:

> "디지털 컴퓨팅이 지능의 확장을 이루었다면, 유비쿼터스 컴퓨팅은 공간 지각의 확장을 이루게 해, 유전자의 기억 속에 기록되어 있는 감성 공간 정보와 일치하는 공간 제공과 서비스를 가능하게 한다. 유비쿼터스 환경에서 공간은, 공간 정보를 감지하는 눈과 그 정보를 인지하는 기관인 두뇌가 공간 좌표상의 동일 장소에 위치한 단일 시점이 아닌, 다시점 시각 정보를 처리할 수 있는 디지털 지능을 통해 얻어진다. 무한히 많은 눈과 귀, 그리고 오감을 넘어서는 다양한 감각기를 가진 무한 지능의 생명체가 살고 있고, 그런 무한 공간을 서비스 받을 수 있는 공간이 유비쿼터스 환경이다."[59]

58) 조택연은 "시공을 초월해 어디에나 존재한다는 의미의 라틴어인 *Ubiquitous*는 디지털 환경에서 사물과 컴퓨터가 네트워크와 결합해 시간과 공간에 구애받지 않고 항상 네트워크에 접근할 수 있는 환경으로, 물리적 공간의 존재물이던 컴퓨터가 공간 환경으로 되는 것" 이라고 말한다. 조택연, 퓨즈원더, *Future is Wonderful*, 간향미디어랩, 2006, p. 461.

59) *Ibid*., p. 205.

6. 디지털 문화와 건축

6.1. 디지털 문화의 전제적 조건들

사이버 문화의 모든 양상들은 결국 디지털 기술의 발전에 의해 이루어졌다고도 할 수 있다. 물론 최근 20여년간의 디지털 기술의 발전은 지난 반세기 이상의 디지털 기술의 발전을 훨씬 뛰어넘는 급속한 진전을 이루었지만, 컴퓨터의 초기적 발전은 이미 19세기에서 20세기로 변환되던 시기에 나타났던 정보화 사회의 등장부터 시작되었다고 보아야 할 것이다. 이것은 제임스 베니거(James Beniger), 알프레드 챈들러(Alfred Chandler), 제임스 코르타다(James Cortada) 같은 역사가들이 주장했듯이,[1] 정보사회의 등장[2] 이 컴퓨터 같은 디지털 기술의 발전을 가져온 것이지, 컴퓨터의 발명이 정보 사

1) James R. Beniger, *The Control Revolution: Technological and Economic Origins of the Information Society*, Harvard University Press, 1986, Alfred D. Chandler, James W. Cortada(eds.), *A Nation Transformed by Information. How Information Has Shaped the United States from Colonial Times to the Present*, Oxford University Press, 2000, Antoine Picon, *Digital Culture in Architecture*, 김원갑 역, 「건축의 디지털 문화」, 시공문화사, 2010, p. 9 재인용.

2) MIT 미디어랩의 설립자인 니콜라스 네그로폰테(Nicholas Negroponte)는 정보 사회의 출현을 디지털 시대에 대비시켜 첫 번째가 불특정의 대량소비에 관한 것이었다면, 두 번째는 개인적 선호에 관한 것이었다고 주장한다. Nicholas Negroponte, *Being Digital*, New York: 1995, 재판 New York: Vintage Books, 1996), *Ibid.*, 재인용.

회를 만든 것은 아니라는 것을 의미한다. 이는 디지털 문화가 증기 기관과 거대한 기계들의 발명을 가져온 1차 산업 혁명과는 달리, 데이빗 랜즈(David S. Landes)나 베르트랑 질(Bertrand Gille)이 주장하듯, 정보에 기초한 사회의 창발을 가져온 19세기 말의 2차 산업 혁명으로부터 시작되었음을 의미하기도 한다.[3)]

이러한 2차 산업 혁명의 시작은 새로운 기계 장치의 발명, 새로운 공간의 발명, 합리적 생산 방식을 위해 정보시대 개인의 물리적, 심리적, 사회적 행태들의 통계와 법칙을 분석하도록 개발된 다양한 연구들—공간과 인체 동작, 생산 동작의 시간 측정들을 수행한 테일러의 실험을 포함하는— 같은 세 가지 영역의 혁명을 통해 만들어졌다고 할 수 있다. 첫째, 새롭게 생산되는 상품들의 양과 운송 속도, 저장과 분배에 필요한 조직들의 급속히 도약되는 숫자들, 계속 증가하는 자료들과 연표들, 물품 목록, 고객 명세서 등을 처리하기 위한 기술들로부터 창발된 새로운 기계, 즉 1890년 허먼 홀러리스(Herman Hollerith)가 미국의 통계 조사를 위해 발명한, 전기로 펀치 카드에 저장된 자료를 읽는 기계인 전기 도표용 기계(tabulating machine, 그림 6-1)가 첫번째의 기계적 전제이다.

그림6-1. 허먼 홀러리스, 전기도표용 기계, 1890

둘째, 이와 함께 수많은 정보들의 순환과 공유 같은 소통, 혹은 원격 소통을 목적으로 발명된 전화, 라디오 등의 기계적, 공간적 제어를 위해 전

3) David S. Landes, *The Unbound Prometheus: Technological Change and Industrial Development in Western Europe from 1750 to the Present*, Cambridge University Press, 1969; Bertrand Gille, *Histoire des Techniques*, Gallimard, 1978 등, *Ibid.*, p. 16 재인용.

기판, 차트, 다이어그램 등을 통해 시스템의 상태를 제어하도록 1898년 뉴욕 콘 에디슨 회사가 만들어낸 급전 지령 센터(그림 6-2) 같은 초기의 제어실 역시 당시의 원형적인 새로운 공간으로서 이러한 디지털 문화를 탄생시킨 초기적 전제였다고 할 수 있을 것이다.

그림6-2. 에디슨 워터사이드 역의 급전지령센터

세 번 째의 영역으로서 19세기 중반부터 프랑스의 에티엔 쥘 마레(Etienne Jules Marey)가 대상물의 운동에 대한 시각적 재현을 위해 만들었던 맥파 기록기(sphygmograph)의 운동 기록(그림 6-3)이나 영국의 이드위어드 머이브리지(Eadweard Muybridge)가 행했던 연속적 동작의 촬영(그림 6-4), 그리고 미국의 프랭크 길브레스(Frank B. Gilbreth)가 벽돌쌓기의 효율적 동선을 위해 시각화 했던 공간 속의 궤적 기록(그림 6-5) 등은 모두 테일러리즘의 과학적 분석 속에서 공간과 시간 속의 개인적 궤적들을 수학적으로 도량화한 또 하나의 수학적 전제였다.

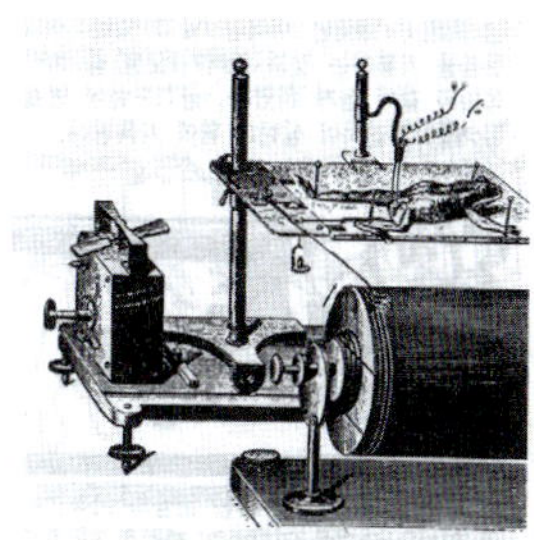

그림6-3. 쥘 마레, 맥파기록기, 1860

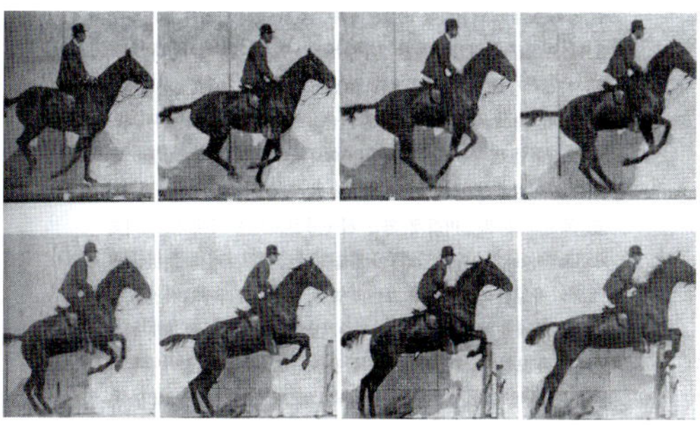

그림6-4. 이드위어드 머이브리지, 달리는 말의 움직임 기록

그림6-5. 프랭크 길브레스, 벽돌쌓기의 동작연구

그림6-6. ENIAC

대량의 정보 처리를 위해 만들어졌던 초기의 전기 도표용 기계는 20세기 중반 2차 세계대전이라는 특별한 시기와 목적에 의해 발명된 최초의 거대 스케일 전자 계산기인 에니악(ENIAC, 그림 6-6)[4] 을 통해 컴퓨터라는 새로운 디지털 기기의 발명을 가능케 했다.

물론 컴퓨터의 발명에 이르기 까지는 이 외에도 다양한 역사적 전제들이 존재한다. 이미 17 세기부터 빌헬름 쉬카르트(Wilhelm Schickhardt)와 블레즈 파스칼(Blaise Pascal)이 발명한 덧셈 기계, 라이프니츠의 곱셈 수행기계, 19세기 초 찰스 배비지(Charles Babbage)의 보편적 전산 기계 등 다양한 초기 계산 기계들이 존재했으며, 나아가 19세기 중반 이진법의 논리를 발전시킨 조지 불(George Boole)의 불 대수학, 이것이 정보 이론으로 발전되기 전인 1937년 릴레이와 스위치 회로 디자인을 위해 불의 연산(Boolian operation)을 이용한 클로드 섀논(Claude Shannon)의 수학적 커뮤니케이션 이론들 역시 존재한다.

그림6-7. 앨런 튜링, 튜링 기계

마찬가지로 비슷한 시기에 앨런 튜링(Alan Mathison Turing)이 알고리즘 전산을 위해 만든 튜링 기계(1937, 그림 6-7), 그리고 1931년 미국의 바네바 부시(Vannevar Bush)가 아날로그적으로 다양한 방정식을 푸는 범용 계산기로 제작한 미분 해석기

4) 1946년에 미국 펜실베니아 대학의 모클리와 에케르트 교수가 만든, 높이 2.5m, 길이 25m에 무게 30톤의 거대한 계산기로, 방 전체를 차지하는 17,468개의 진공관들로 구성되었다. 이 거대 계산기는 2차대전 중 미 육군의 탄도 계산표의 작성을 위한 군사적 목적으로 사용되었으며, 이후 1955년 경에 다른 컴퓨터로 대체되었다.

(Differential Analyzer, 그림 6-8) 등과 같은 아날로그적 기계들 역시 존재했으며, 실제적으로 에니악 보다 먼저 1943년에 영국에서 군사적 목적으로 만들었던 콜로서스(Colossus, 그림 6-9) 도 존재했다. 결국 이러한 다양한 전제 조건으로서의 역사적 사례들이야말로 최초의 컴퓨터 모델로서의 에니악을 탄생시키는 데에서 중요한 역할을 했다고 보아야 할 것이다.

그림6-8. 바네바 부시, 미분해석기 1931

그림6-9. 콜로서스, 1943

에니악 이후 1945년 존 폰 노이만(John von Neumann)이 기억장치에 컴퓨터의 명령과 데이터를 모두 저장하는 프로그램 내장방식을 제안했고, 이 프로그램을 채택해 영국의 케임브리지 대학에서 1949년 새로운 유형의 계산기인 에드삭(EDSAC, 그림 6-10)과 조금 더 개량된 에드박(EDVAC, 그림 6-11)이 개발되었으며, 1952년에는 존 폰 노이만 자신이 그의 프로그램 내장방식을 적용한 최초의 상업용 컴퓨터인 유니박(UNIVAC)을 만들어냄으로써 컴퓨터의 본격적인 시대가 열렸다고 볼 수 있다.

그림6-10. EDSAC, 1949

그림6-11. EDVAC

그림6-12. 북미 레이더 제어시스템인 SAGE시스템

이런 초기의 컴퓨터들은 미국과 소련 사이의 냉전을 통해 군사적 목적으로 더욱 발전되었으며, 소련의 핵공격을 막기 위한 북미의 레이더 제어 시스템인 최초의 컴퓨터 네트워크로서 반자동 지상 환경 시스템, 즉 SAGE 시스템(그림 6-12)[5] 이 1950년대에 개발됨으로써 자기 핵심 기억, 비디오 디스플레이, 아날로그의 디지털로의 변환 같은 새로운 전산 기술이 발전되었다고 할 수 있다. 이러한 하드웨어의 발전은 나아가 존 폰 노이만과 노베르트 비너(Norbert Wiener)등이 벨 연구소에서 개발한 전자적 조준 시스템, 즉 단순한 요소들을 상호 작용시키고 정보와 피드백 개념을 이용해 소통을 통제하고 목적을 달성하는, 복잡성에 대한 환원적 접근을 시도한 사이버네틱스를 통해 두뇌와 컴퓨터 사이, 신경과 정보의 기본 비트를 유비관계로 다루게 되었으며, 인공 지능, 그리고 궁극적으로 인간과 기계 사이의 접속을 다루게 되는 현대의 사이보그 개념으로까지 발전되었다고 할 수 있다.

사이버네틱스의 건축적 적용은 이미 1950년대와 60년대를 통해 1956년 노베르트 비너가 "자연 속의 순수한 패턴들"을 언급한 것을 도해한 게오르기 케페스(Gyorgy Kepes)의 책 「예술과 과학의 새로운 풍경」(The New Landscape in Art and Science, 1956)에 나오는 정보들의 시각적 도해로서의 패턴들(그림 6-13), 1964년 크리스토퍼 알렉산더(Christopher Alexander)의 박사학위 논문에서 나온 「형태의 종합에 관한 노트」(Notes on the Synthesis of Form)가 보여주는 패턴들의 확인과 조합, 그리고 1969년 고든 패스크(Gordon Pask)의 아티클

5) 1950년대 후반부터 1980년대까지 북미 방위항공 사령부인 NORAD에서 적 폭격기를 발견하고 추적, 요격하기 위해 조종실과 제어실, 상황실 등의 정보 기초 팬옵틱 구조로 운영한 자동화 제어 시스템으로, IBM이 AN/FSQ-7 이라는 휠윈드(Whirlwind)2 컴퓨터, 즉 한 세트에 55,000개의 진공관을 사용하며 총중량 275톤의 거대 컴퓨터를 통해 적극 참여했다.

「사이버네틱스의 건축적 관련성」,[6] 같은 연구들을 통해 피드백 순환고리 같은 인공두뇌적 현상들의 시각적, 공간적 패턴들로 나타났다.

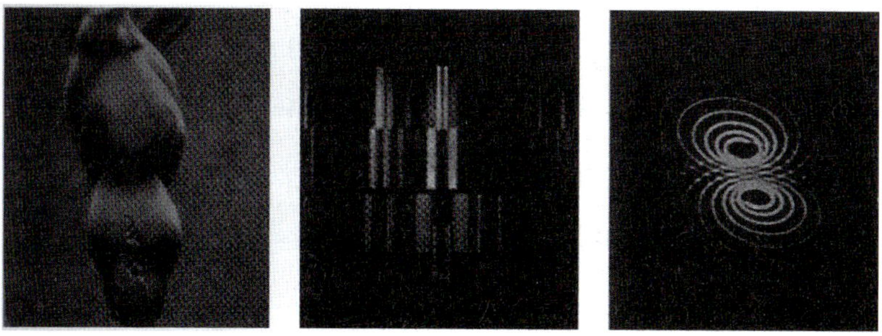

그림6-13. 게오르기 케페스, 예술과 과학의 새로운 풍경

나아가 1960년대 세드릭 프라이스(Cedric Price)의 펀 팰리스(Fun Palace, 1961, 그림 6-14)나 아키그램의 데니스 크롬턴이 디자인한 컴퓨터 시티(1964), 니콜라스 네그로폰테(Nicholas Negroponte)의 건축-기계 장치(1970, 그림 6-15) 등은 모두 당시의 인공 지능과 컴퓨터를 이용한 정보 처리와 공간적 연결 등을 실험한 건축적 사례들이다.

그림6-14. 세드릭 프라이스, 펀 팰리스, 1961

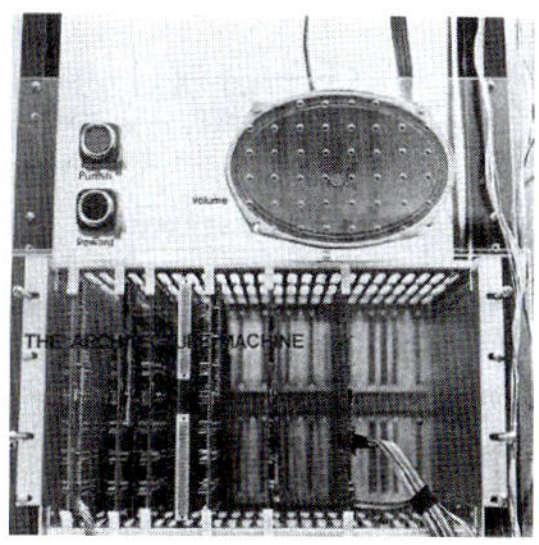

그림6-15. 니콜라스 네그로폰테, 건축기계

6) Gordon Pask, "The Architectural Relevance of Cybernetics", *Architectural Design*, September, 1969, pp. 494-496, Antoin Picon, *op. cit.*, p. 33 재인용.

6.2. 복잡한 기하학과 다이어그램의 건축 : 접힘, 블롭, 위상 기하학적 특이성

1980년대까지만 하더라도 건축에서의 비정형 형태나 자유 곡면 등은 도면으로만 가능했고 시공하기가 매우 까다로운 형상으로 여겨졌기 때문에 간단한 원통이나 원뿔형의 형태만이 건축에 적용되었던 것이 사실이다. 대부분의 건축물이 콘크리트 거푸집의 사용으로 제작되던 시절 자유로운 곡면의 형상은 시공 자체가 힘들었기 때문이다. 그러나 1990년대 이후 디지털 기술의 급격한 발전으로 인해 상상으로만 가능했던 새로운 기하학적 형태에 대한 다양한 실험들이 가능하게 되었고, 단순한 CAD를 넘어서 디자인 툴로서의 많은 디지털 프로그램들이 생산됨으로써 산업 디자인과 자동차, 항공기 디자인의 영역과 마찬가지로 건축에서도 비정형의 복잡한 기하학적 형상들이 실제로 가능하게 되고 있다.

영화의 특수효과를 위한 프로그램인 마야(Maya)나 애니메이션 효과를 위한 3D MAX를 제외하고라도, 건축의 형태 발생 자체를 위한 프로그램으로 가장 기본적인 비정형 곡선, 즉 NURBS(Non-Uniform Rational B-Splines)를 만들어내기 위해 라이노(Rhino) 프로그램과 그것의 플럭 인(plug-in) 프로그램인 그래스호퍼(Grasshopper), 나아가 그래스호퍼의 플럭 인 프로그램인 캥거루(Kangaroo)와 패러클라우드(Paracloud), BIM(Building Information Modeling)을 위한 전형적 툴인 벤틀리(Bentley)프로그램과 그것의 플럭 인 프로그램인 제너라티브 콤포넌트(Generative Components), 혹은 항공기와 자동차 디자인에 사용되었지만, 건축에서는 프랭크 게리가 주로 사용했던 툴인 카티아(CATIA-Computer Aided Three dimensional Interactive Application)와 그것의 건축적 전용 툴인 디지털 프로젝트(Digital project) 같은 다양한 프로그램들이 건축의 비정형 형태를 만들어내기 위해 사용됨으로써 디지털 건축은 이제 단순한 형태의 재현으로부터 나아가 직접적으로 일련의 내적 질서와 규칙에 의해 복잡한 형태를 계속해서 발생시키는 단계로 나아가고 있다.

이와 함께 대상물의 표면에 여러 가지 효과를 주는 컴퓨터 사상인 매핑(mapping)과 가상의 3차원 대상물에 임의의 세부적 질감이나 재질을 입히는 기술로, 평면적 텍스추어를 이중 굴곡의 표면 위에 매핑하면서 그것을 최소한으로 왜곡시키는 방식인 텍스추어 매핑(texture mapping) 등의 새로운 디지털 기술이 1990년대 말부터 패턴화의 새로운 기술로 휘어진 NURB 표피에 적용됨으로써 다양한 비디오 이미지들이 굴곡진 표면에 투영되거나 표피 내에 디지털 디스플레이 시스템들을 내재시키는 것까지 가능하게 되었다고 할 수 있다.[7)]

물론 이러한 다양한 디지털 툴들을 모든 건축가들이 자유롭게 사용하는 것은 아니다. 프랭크 게리의 사무실에서도 브루스 린지(Bruce Lindsey)가 주장하듯, "카티아 소프트웨어는 스케치, 카드보드, 나무 모델 같은 전통적 방식에 의존하는 대부분의 개인적 디자인 과정에서 외적 영역으로만 남기 때문"[8)] 이다.

복잡한 기하학의 건축적 사용은 1990년대 초중반부터 당시 유행하던 해체(deconstruction)의 경향에 대한 반작용으로 나온 '접힘'(folding)의 방식으로부터 시작되었다고 할 수 있다. 물론 '접힘' 역시 해체와 마찬가지로 모더니즘의 단순한 기능적 형태에 대한 반작용으로 등장했던 1970년대 포스트 모더니즘의 다양한 형태적 유희, 그리고 또한 1980년대 중반 그러한 포스트 모더니즘의 유희적 형태에 대한 반작용으로 등장했던 해체의 불연속적, 급진적 형태 등과 마찬가지로, 비록 해체에 대한 반대 급부로 등장했을지라도, 전체적으로 모더니즘의 순수하고 단순한 유클리트 기하학적 형태들을 넘어서기 위한 다양한 시도들의 공통적 맥락의 연장선상에서 나왔다고도 볼 수 있을 것이다.

---

7) 이것은 후에 스크립트(script)로 대체되고 매핑만이 스크립트의 보조적 수단으로 남게 되었다.

8) Bruce Lindsey, Digital Gehry, Birkhäuser, 2001, *Ibid*., p. 60 재인용.

디지털 건축 역시 이러한 형태주의적 경향으로 나아갔으며, 해체의 파괴적, 불연속적 형태에 반대하여 질 들뢰즈의 라이프니츠에 대한 해석으로 나온 바로크의 '주름'(Le Pli)[9] 을 철학적으로 해석함으로써 그렉 린(Greg Lynn)이 주장하듯, "연속적이지만 여전히 이질적인 시스템 내의 차이들을 포함하는 부드러운 변형"[10] 으로서의 접힘을 통해 계속해서 주름잡혀 각각이 이질적인 주름들로 남지만 전체적으로는 부드럽게 연속되는 형태들을 만들어냈다. 이는 1970년대와 80년대 포스트 모더니즘과 맥락주의(Contextualism)가 주장했던 통일된 획일적 맥락의 지루함과 80년대 말과 90년대 초의 해체가 주장했던 이질적 충돌과 단절 모두를 극복하기 위해 이질적 시스템 내에 존재하는 차이들을 연속적으로 부드럽게 통합하는 부드러운 변형의 결과라고 볼 수 있을 것이다.

이러한 접힘의 건축은 초기의 피터 아이젠만의 작업들(그림 6-16)이나 라이저(Reiser)와 우메모토(Umemoto)의 실험들(그림 6-17)과 같이 마치 새로운 바로크의 주름을 연상시키는 물결과 같은 벽체들의 파동, 혹은 흐름들의 동결로서의 다양한 주름들의 변형을 보여주는 토포 폴드(Topo fold)의 경향과 그 이후 위상 기하학적 변형을 통해 초곡면(hyperspace)의 형태를 보여주는

그림6-16. 피터 아이젠만, 아로노프 센터

그림6-17. 라이저+우메모토, 요코하마 포트 터미널, 1996

9) 들뢰즈의 *The Fold–Leibniz and the Baroque, The Pleats of Matter*라는 제목의 아티클이 「아키텍처럴 디자인」 1993년 3/4월호에 실렸다.

10) Greg Lynn, "Architectural Curvilinearity: The Fold, the Pliant and the Supple", *Architectural Design*, 3/4, 1993, pp. 8–14 참조.

부드러운 유동적 건축, 즉 소위 '바이오 폴드'(Bio fold)라는 두 가지의 경향으로 나뉘어 발전되었다고 볼 수 있다. 나아가 후자의 "유기적 생명체를 연상시키는 부드러운 볼륨들"에 대해 그렉 린은 "둘로 나뉘는 거대한 대상물"(Binary Large Object)의 약자인 '블롭'(Blob, **그림 6-18**)[11] 이란 용어를 만들어내 실제의 블롭과 같은 방울 형상의 건축물들을 상징적으로 표현하고 있다. 여기서 블롭은 일종의 형태 생성 기법으로, 상호 간섭에 의해 본질을 손상시키지 않는 범위 내에서 자연스럽게 변형되는 위상학적 변위 기법이며, 개개의 다각형 형태들이 각각 속성을 유지한 채 더 큰 하나의 표면에 쌓여 새로운 형태를 구성하는 기법을 통해 유연한 곡면 표피를 생성하는 것을 의미하기도 한다.

그림6-18. 블롭

이러한 복잡한 기하학을 위한 혁신적인 디지털 형태 기법은 블롭 외에 모핑(Morphing)과 넙스(NURBS) 등의 방식이 더 있는데, 모핑은 형태 생성을 위한 블롭과는 달리, 형태변이를 위한 기법으로, 서로 유사성이 없는 원본 대상물과 목표 대상물의 형상적 속성들을 조합해 일정 범위 내에서 혼성적 형태를 만들어내는 기법이며, 넙스는 자유곡면 생성 기법인 Non-Uniform Rational B-Spline의 약자로, 넙스 표피 모델링에서 사용되는 곡선이나 스플라인을 통제해 단순한 2차원의 선, 원, 호, 만곡에서 3차원의 유기적 곡면까지 그릴 수 있는 3차원 기하학이다.

그러므로 다양한 블롭 형상의 건축들은 표피들의 위상 기하학적 자질들과 볼륨들, 컴퓨터 상의 기하학적 연산들을 고려하며, 위상 기하학적 특이

11) 블롭은 또한 원래의 '둘로 나뉘는 거대한 대상'의 의미를 넘어서 1958년 어빈 이워스(Irvin Yeaworth)가 감독한 영화 '블롭'(*The Blob*)에서 아메바 형상의 외계 생물체가 미국의 한 마을을 습격 하는 SF 영화를 통해 방울 형상의 아메바 형태 건축을 상징하기도 한다.

성(singularity)들에 특별한 관심을 가지고 뫼비우스 띠나 클라인 병과 같은 특이적인 모델을 선호함과 동시에 그러한 형상을 건축의 형태 생성을 위한 하나의 다이어그램으로 설정하여 블롭적 형상들을 만들어낸다. 그러므로 디지털 건축의 부드러움은 '블롭'이라는 용어와 같이 은유적으로 아메바와 같은 단순한 형상 이상의 더 넓은 의미로 적용되었다고 볼 수 있다. 이런 블롭의 건축은 다양한 디지털 프로그램들을 통해 콘크리트 셸이나 장력 구조를 위해 사용되는 것들, 그리고 부드럽지만 느슨하게 한정된 플라스틱 주물과 공기 부풀림식 구조들 같은 포물면이나 쌍곡면적 존재들의 다양한 형태들로 발전되었다고 할 수 있다.

예를 들어 라스 스파우브룩과 카스 오스터하우스의 두 가지 물 전시관(1993-97, 그림 6-19)이나 노먼 포스터의 런던 시청사(2002, 그림 6-20), 아키그램의 멤버 피터 쿡의 그라츠 쿤스트하우스(2003, 그림 6-21), 혹은 퓨처 시스템(Future System)의 얀 카플리키(Jan Kaplicky)가 디자인한 버밍햄의 셀프리지 백화점(2003, 그림 6-22) 등은 이러한 블롭 형상의 대표적 예들이다.

그림6-19. 라스 스파우브룩과 카스 오스터하우스의 물 전시관들

그림6-20. 노먼 포스터, 런던 시청사, 2002

그림6-21. 피터 쿡, 그라츠 미술관, 2003

그림6-22. 퓨처 시스템, 셀프리지 백화점, 2003.

복잡한 기하학의 추구는 르네 톰(René Thom)의 급변세트(catastrophe set)[12]가 보여주듯, 위상 기하학적 특이성에 기반을 둔 특이적 형태들에 대한 기하학적 유비를 통해 특정한 기하학적 자질들을 가진 형태들을 추구하도록 했으며, 이는 들뢰즈의 "시간 속에서 연속적으로 운동하는 유동적 우주"라는 개념을 통해 시간의 흐름 속에서 끊임없이 움직이는 복잡한 다양체[13] 속의 우연히 선택된 특정한 형태의 대상을 건축적 형태로 선택하도록 만들었다고 할 수 있다.

다양체 속에서 형태가 만들어지는 과정은 들뢰즈 식으로 말하면 일종의 가상적인 내재성의 표면(plan d'immanence, 혹은 일관성의 표면 plan de consistence) 위에서 물질의 흐름으로서의 운동을 통해 잠재성[14] 이 현실화되는 과정으로 설명될 수 있다. 이것은 잠재성이 운동을 통해 내재성의 표면 위에서 새로운 생성(-되기)을 이루는 과정으로, 새로운 생성, 혹은 형태 발생을 위해서는 이미 운동의 방향과 질이 결정되기(혹은 기관화) 이전의 자유롭고 새로운 생성을 위해 강밀도 0의 '기관없는 신체'[15] 를 이루고 이것이 새로운 형태

12) 르네 톰은 유클리트 공간에서 표현할 수 없었던 특이적 순간의 불연속적 급변을 위상 공간 내에서 다양한 역동적 힘들에 의해 나타나는 끌개와 밀치개의 유역들 사이의 경계인 다양한 분할면과 초곡면들로 기본적인 7가지 유형의 급변적 집합 형태, 즉 겹점형, 첨점형, 제비꼬리형, 나비형, 타원적 제공형, 쌍곡적 제공형, 포물선적 제공형 등의 급변 세트로 도해했다.

13) 다양체는 베르그송이 만들고 들뢰즈가 일반화시킨 용어로, '다양한 입자들이 강도들의 차이를 가지고 브라운 운동을 하는 요소들로 이루어지는 것을 의미하는데, 이것은 서로 다른 상대 속도를 가지는 흐름들의 복합체로, '-되기' 혹은 '생성'(혹은 발생)이 가능하게 되는 배경으로 된다. 다양체는 그러므로 그것으로부터 또 다른 무엇을 생성시키기 위한 질료들의 집합체라고 할 수 있다. 베르그송은 예를 들어 다양체를 연장이 가능한 양적, 수적 다양체와 지속을 이루는 질적 다양체로 구분하여 말하기도 한다. Gilles Deleuze, Félix Guatari, *Mille Plateaux*, 김재인 역, 「천개의 고원」, 새물결, 2001, pp. 71–72.

14) 들뢰즈에 의하면 잠재성(*virtuel*)은 가능성(*possible*)과 구분되는데, 여기서 가능성은 현실성(*actuel*)을 가질 수는 있지만 실재성(*réel*)을 가지지 않으며, 잠재성은 아직 현실화되지는 않았지만 잠재적으로 실재성을 소유하므로 가능성은 실재화를 통해서야 비로소 실재로 되는 반면, 잠재성은 실재성의 부분으로 단지 현실화를 통해 현실로 될 수 있는 것이다..

15) '기관없는 신체'(*Corps sans Organes*) 는 아르토(Antonin Artaud)가 1974년 라디오 방송 원고에서 이미 생성이 결정되어 새로운 생성이 불가능하게 되는, 총체적 유기체로서의 기관들의 조직화에 반대하여 만들어낸 용어로, 다양한 흐름들이 강밀도와 특정한 욕망(기계)에 의해 다른 욕망(기계)로 변환되는 내재적 장을 의미한다. 그는 "신체는 신체다. 신체는 혼자이다. 또한 기관들을 필요로 하지 않는다. 신체는 결코 유기체가 아니다. 유기체는 신체의 적이다" 라고 성장이 끝난 유기체의 기관들로 분화되기 이전의 알의 상태로서의 기관없는 신체를 주장했다. Gilles Deleuze, 「천개의 고원」, p. 287.

를 발생시키는 일종의 추상기계[16] 를 작동시킬 필요가 있는 것이다.

여기서 건축의 형태를 새롭게 만들어내는 일종의 추상 기계는 다이어그램(diagram)으로, 푸코(Michel Foucault)식의 예를 들자면, 감옥이나 학교, 병원, 공장 등의 공간은 감시와 통제라는 순수 기능으로 연결된 하나의 기계적 배치에 의해 만들어진 공통의 기능적, 형태적 유형, 즉 다이어그램의 추상 기계로 작동되는 것이다. 그러므로 디지털 시대의 많은 건축에서 추상 기계로서의 다이어그램은 건축 자체의 기능과 형태 모두를 창조하는 도구로서, 은유나 상징과는 무관하게 일종의 잠재성의 실현으로서 철저하게 기계적으로 작동하여 특정한 기하학적 형태를 만들어내는 도구로 사용된다.

여기서 다양한 흐름과 운동들을 특정한 형태로 동결시키는 도구로서의 다이어그램은 어떤 특정한 형태로의 이동 이전에 계획의 발생 단계부터 작동되어야 하므로 그러한 역할을 하는 장(field)들과 힘들을 고려하며 동역학적 관계들을 매핑(mapping)하는 추상 기계로 작동하여 복잡한 기하학과 특이성의 형태를 이루는 건축 형태를 발생시키게 된다. 예를 들어 유엔 스튜디오(UN Studio)의 벤 반 베어켈과 카롤리네 보스(Caroline Bos)의 다이어그램은 다양한 동역학적 관계들의 지도를 통해 특정한 형태를 발생시키는 추상 기계로서, 뫼비우스 띠, 클라인 병, 나아가 위상 기하학적 형상으로서의 세 갈래 꽃잎(trefoil leaf, 그림 6-23) 같은 다이어그램을 복잡한 기하학의 건축 형태를 생성시키기 위한 도구로 사용하는 것이다.

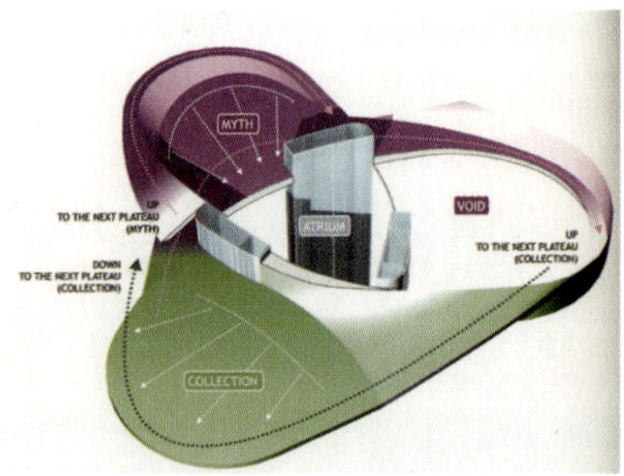

그림6-23. 벤 반 베어켈, 메르세데스 벤츠 박물관에 사용된 트레포일 다이어그램, 2002

16) 들뢰즈에 의하면 추상기계는 다른 것과 접속해 다양한 에너지나 힘을 절단하고 채취하는 방식으로 배치하고 작동하는 메커니즘을 가지는 모든 기계들을 만들어내는 것을 의미하며, 다양한 기계적 배치물들은 특정 지층 위, 지층들 사이, 지층들과 일관성의 표면과의 관계 속에서 어떤 식으로든 추상 기계를 작동시켜 새로운 배치물(혹은 형태)을 만들게 된다.

6.3. 매개변수 디자인의 건축

건축 형태에서 쉽게 복잡한 변형을 만들고 다양한 굴곡과 표면 및 볼륨과 상호 행위를 가능하게 해주는 NURBS 외에도, 더욱 극도의 복잡한 기하학으로도 모든 종류의 변형이 쉽게 이루어지게 하는 방식으로 매개변수 디자인(parametric design)이 최근에 새로운 기법으로 각광을 받고 있다고 할 수 있다. 이것은 자하 하디드의 파트너인 파트릭 슈마허(Patrik Schumacher)가 '매개변수주의'(parametricism)[17] 라는 새로운 용어로 발전시킨 수법으로, 디자인 모델의 다양한 매개 변수들 사이의 관계를 한정하고 상호 작용적으로 변화를 만들어내는 기법이며, 변화가 만들어졌을 때 모델의 나머지는 미리 설정된 결합 법칙들에 따라 반응하고 업데이트되는 방식이라고 할 수 있다.

이것은 "수학적 공식에 의해 수치를 정의함으로써 대상물의 형상을 조절하는 방식으로, 대상물의 형상, 또는 각 단계마다 종속 및 상호 관계를 부여해 어떤 한 형태에 변화를 줄 때 다른 형태의 크기나 위치 등에 영향을 주는 방식"[18] 이라고 할 수 있다. 그러므로 건축물 형태의 변화는 구조적 하중이나 태양 일조량, 태양 각도, 풍속 같은 환경 데이터 들의 수식과 데이터 값, 혹은 숫자 등으로 대상물의 속성이 제어되고 형태가 바뀌게 되는 규칙과 제약을 가지는 매개변수와 대상물의 기하학 정보 등을 따르게 된다. 따라서 여기서 적용되는 기하학은 서로 연계되어 구성되는 결합 기하학(associative geometry)이라고 할 수 있다.[19] 건축에서 매개변수적 제어를 활용할 때의 기하학은 매개변수적으로 한정된 시스템으로 합리화된 이중 굴

17) 파트릭 슈마허는 매개변수주의의 기본 주제가 한 주제 상의 변주나 버전의 창조 과정을 언급하는 버저닝(versioning)과 일련의 단계들을 반복하는 반복(iteration), 대량 맞춤(mass-customization), 연속적 분화(continuous differentiation) 등을 포함한다고 주장한다. Wassim Jabi, *Parametric Design*, Laurence King Publishing Ltd., 2013, pp. 9–10.

18) 박중하, 윤종경, 박상민, 비정형 초고층 건물의 곡면분할을 위한 파라메트릭 디자인 프로세스 제안, 대한건축학회 논문집 계획계, 2015년 3월호, P. 50.

19) 예를 들어 두 개의 원과 그것들의 중심점을 연결하는 선에 대한 디지털 드로잉을 할 때, 일반적인 기하학 모델에서는 어떠한 원의 위치에서도 어떤 변화가 일어날 때마다 연결선을 지우고 다시 드로잉을 해야 하지만 매개변수적 모델에서는 중심과 선 사이의 관계가 설정되어 선은 어떠한 원의 어떠한 이동도 따라가게 된다.

곡 파사드의 복잡 기하학으로 되며, 그럼으로써 전체의 계획안에서 필수적인 변화에 상대적으로 신속히 적응하게 되는 복잡 기하학을 합리화시키는 과정을 향해 맞추어지기 때문이다.[20] 여기서 매개변수적 모델링은 기하학적 관계들의 변하고, 변하지 않는 양상들을 한정하고 적정한 외피의 수준을 결정함으로써 분화되고 증식된 형태들을 만들어낼 수 있을 것이다.

최초의 매개변수 기술은 이미 1980년대 중반부터 최초의 상업용 매개변수 모델링 프로그램인 Pro/ENGINEER 를 만든 PTC(Parametric Technologies Corporation)회사가 도입한 후 현재는 매개변수에 의한 대상물 간의 상호 관계를 넘어서 설계자의 경험을 데이터와 연동해 효율성을 높이는 단계로 까지 나아가고 있다고 할 수 있다.[21]

매개변수 디자인은 건축 형태를 발전, 변형, 수정하기 위해 대상물에 영향을 주는 내적, 외적 힘들을 매개변수화 하고, 시간의 흐름에 따라 각각의 힘들이 이와는 다른 힘의 작용 범위 내에서 인력, 또는 척력을 받아 시뮬레이션되며 형태가 만들어지는 기법으로, 연속적인 분화와 변형(Versioning), 반복 등의 방식과 스크립팅 등으로 표현된다. 여기서 매개변수적 패턴은 벤틀리 시스템의 발생요소(GC) 프로그램에 의해 복잡한 숙주 표면(host surface) 위의 독특한 위치들에 자기 적응적 요소들을 매개변수적으로 적응시킴으로써 얻어지게 된다.

또한 건축물 파사드의 적응적 분화는 표면의 방향에 따라 폭넓게 변화하는 환경적 매개변수들, 즉 굴곡 표면 위의 태양광 강도의 점진적 변양태 같은 매개변수들에 의해 만들어질 수도 있게 된다. 나아가 표면의 복잡한 분절은 양각, 이음매, 물질, 텍스추어, 색채, 반사도와 투명성 같은 다양한 매개변수들의 상호 관련적 스크립트를 통해 만들어질 수 있다.

---

20) Michael Hensel and Achim Menges, *Morpho-Ecology*, AA Publications, 2006, p. 43.

21) 박정대, 임진규, "파라메트릭 디자인 방법론을 활용한 지식 기반 친환경 분석", 「한국 BIM 학회지」, 2011, 박열, "파라메트릭 디자인에 대한 이해와 적용", *Review of Architecture and Building Science*, 2015, 07, p. 21 재인용.

예를 들어 스마트 기하학 그룹의 벤틀리 시스템 팀장인 로버트 아이쉬(Robert Aish)는 다양한 매개 변수들을 이용한 복잡 기하학의 대표적 소프트웨어인 제너라티브 콤포넌트(Generative Components)의 개념을 '함축, 조건적 모델링, 확장 가능성, 구성 요소, 복제, 프로그램적 디자인, 다중 재현, 교류 디자인 모델'[22] 등의 8가지 요소로 설명한다. 여기서 제너라티브 콤포넌트는 기하학의 일반적 재현 대신 기하학과 다른 비그래픽적 요소들—변수, 표현, 조건의 언급, 스크립트—사이의 관계를 종합적으로 모델링하여 다양한 대안적 결정들의 과정을 허용해주는 일종의 '교류적(transactional) 모델'[23]이라 할 수 있다.

매개변수 디자인 역시 그래스호퍼나 패러클라우드, 제너라티브 콤포넌트 같은 디지털 프로그램에 의해 가능하게 되었는데, 이 디자인의 장점은 "기하학을 정의하는데 있어 일련의 상호 관련 매개변수(dependent parameter)와 제약(constraint)을 통해 해당 기하학을 정의함으로써 형태를 구성하는 요소들이 수정되더라도 상호 관련된 다른 요소들의 위계와 형상이 자동적으로 조정되어 기존 형태의 틀을 유지할 수 있게 된다는 점"[24] 이다.

이것은 또한 대상물의 외적 형태의 모델링 보다는 그것을 구축하는 조직에 내재된 복잡한 규칙에 초점을 두고 내재적 질서를 통해 대상물의 구조와 시스템에 적응시키는데 목표를 두는 것으로, 결과적으로 이것의 장점은

---

22) 로버트 아이쉬는 캐드 소프트웨어의 차세대 주요 개념을 다음과 같이 제너라티브 콤포넌트 기술의 8가지 개념으로 설명한다: (1) 함축: 자동 변화적 증식을 통해 탐구되는 변화의 함축을 허용하며, 기하학적 구축의 "긴 연쇄식" 결합 능력을 정의할 수 있는 능력, (2) 조건적 모델링: 행태의 변화, 혹은 기하학적 구축의 형상화를 허용하며, 대안적 함축을 코드화 하고 수행하는 능력, (3) 확장 가능성: 원래의 모델에 의해 구성요소의 행태가 정의되는 곳에서 매개변수적 모델을 새롭게 재사용 가능한 구성 요소들로 바꾸는 능력, (4) 구성 요소: 별개의 물리적 실체를 재현하는 디지털 구성요소로부터 지각적 구조화를 위한 장치로 전이시키는 것, (5) 복제: 잠재적으로 각각의 세트 멤버가 그 맥락 속에서 변양태들에 독보적으로 대응할 수 있는 곳에서 일련의 디지털 구성요소들의 세트 상에서 수행하는 능력, (6) 프로그램적 디자인: 함축 구조의 형태 내의 선언적 재현과 절차상 재현을 결합하는 능력, (7) 다중 재현: 서로 다른, 보충적, 연결된 재현들에 대해 동시에 창조하고 수행하는 사용자의 능력, (8) 교류 디자인 모델: 재현들은 편집 가능하고 재수행 가능한 디자인 역사이다, Achim Menges, 'Instrumental Geometry', *AD*., 2006, 3–4, p. 45.

23) *Ibid*.

24) 박정대, 임진규, *op. cit*., p. 22.

나아가 전체 모델을 재현하지 않고도 특정 규칙을 기반으로 모델 구성 요소의 특성을 자동적으로 수정할 수 있으며, 건물의 주 목적에 따라 특정 변수와 데이터에 반응하는 다양한 디자인에 대한 시뮬레이션이 가능하다는 것이다.[25)]

결과적으로 매개변수 디자인은 파트릭 슈마허가 주장하듯, "디자이너로 하여금 초기 스케치로부터 구축에 이르기까지, 단일 건물로부터 주요 도시적 구성에 이르기까지 모든 단계와 모든 스케일에서 완벽한 유동성에 이르는 것을 가능케 하는 건축을 위한 새로운 결정적 수단"[26)] 이라고 할 수 있을 것이다.

예를 들어 자하 하디드 사무소의 마드리드 시의회 건물 디자인(2007, 그림 6-24)은 점진적으로 변하는 태양 노출에 대한 적응 속에서 조율되는, 환경적으로 적응적인 파사드로 이루어진다. 여기서 개구부의 크기와 차양 요소의 돌출 역시 태양 노출에 따라 변화하며 수행적으로 적응되는데, 이러한 분화적 양상들은 매개변수적 패턴의 결과라고 할 수 있다. 또한 하디드와 파트릭 슈마허의 파리 필하모니 계획안(2007, 그림 6-25)에서 적용된 패턴들

그림6-24. 자하 하디드, 파트릭 슈마허, 마드리드 시의회 디자인, 2007

그림6-25. 자하 하디드, 파트릭 슈마허, 파리 필하모니 계획, 2007

---

25) *Ibid*.

26) Patrik Schumacher, "Parametricism as Style–Parametricist Manifesto", 2008, http://www.patrikschumacher.com/Texts/Parametricism%20as%20Style.htm, Antoine Picon, *op. cit*., p. 71, 재인용.

은 표피의 변화하는 방향을 따르고 강조하며, 표피의 방향이 바뀜에 따라 양각의 패턴도 변화하는 매개변수적 패턴을 보여준다.

나아가 최근의 새로운 경향은 자연 속의 생물체가 형태의 발생을 위해 취하는 다양한 메커니즘을 활용하여 형태가 생물체와 같이 다양한 분화와 증식을 하도록 다중 형태적 기하학을 설정해 매개변수들의 조작을 통해 위상 기하학적으로 수많은 변양태적 형태들을 만들어내는 것이라 할 수 있다. 예를 들어 OCEAN이 디자인한 프라하 극장 무대건축 전시 쿼드레날레(2007)의 독일관(그림 6-26)은 기초와 감독 곡선들 사이의 표면인 선직면(ruled surface)이 괘선(rulings)이라 불리는 직선들에 의해 기하학적으로 한정되고, 그 직선들은 다른 수준의 투명도와 빛의 투과를 가지는 복합적 표면들을 분절하기 위해 탄성을 가진 줄들로 물질화된다. 이것은 기초곡선들의 기하학적 한정과 괘선들의 밀도와 방향들이 기하학적 매개변수들 외에 조도 환경과 공간, 신체, 움직임, 시각 등의 복잡한 관계에 영향을 주는 매개변수들과 함께 조절됨으로써 일정한 기하학적 형태를 이루도록 디자인된 매개변수적 기하학의 건축이라 할 수 있다.

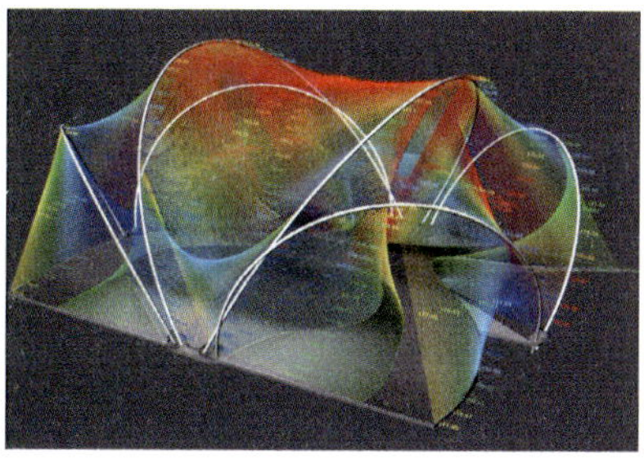

그림6-26. OCEAN, 프라하극장 독일관, 2007

6.4. 형태발생과 진화의 알고리즘 건축

디지털 시대의 건축 디자인은 다양한 디지털 프로그램을 통해 건축의 형태 발생과 형태 진화와 같은 개념을 전제하여 건축물의 형태가 생물체의 메커니즘으로 생성되고 스스로 진화하는 과정을 거치는 것이 가능하게 된다. 이것은 건축에서 "자연의 질서와 원리, 그것들의 논리적 프로세스에 기반한 근본적인 형태 발생의 논리"[27] 와 나아가 그것들이 진화하는 논리를 수학적 규칙으로 규정하여 연산을 행하는 알고리즘(algorithm)의 디자인이라 할 수 있다. 이는 그렉 린이 주장하듯, "형태발생적인 디자인 방법론을 통해 자연적 원리로 생성되는 즉흥적이고 다양한 비대칭적 형태의 생성을 위한 하나의 디자인 프로토타입"[28] 이라고도 할 수 있다.

나아가 코스타스 테르치디스(Kostas Terzidis)는 이러한 알고리즘적 건축(그림 6-27, 28)을 위해 무엇보다도 다른 컴퓨터 프로그램을 제어하기 위한 프로그래밍 언어이자, 기계어로의 변환 작업을 생략하여 간단히 실행할 수 있도록 한 간이 프로그램으로서의 '스크립팅'[29] 을 더욱 체계적으로 활용하고, 소프트웨어 응용을 제어하기 위한 프로그램 언어를 사용할 것을 주장한다.[30] 예를 들어 벤자민 아란다(Benjamin Aranda)와 크리스토퍼 라쉬(Christopher Lasch)의 형태 발생을 위한 알고리즘은 "나선화(spiraling), 다

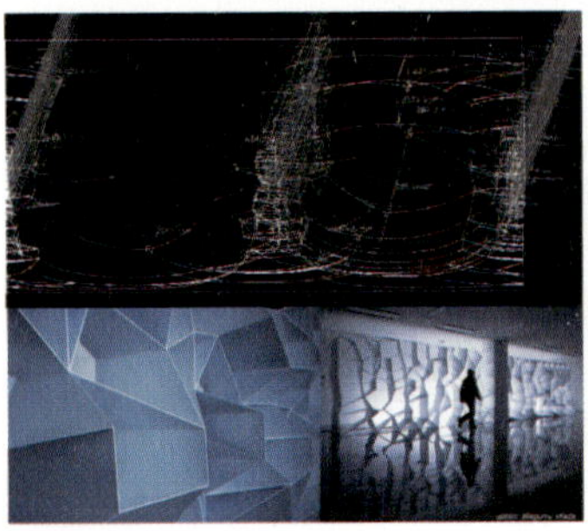

그림6-27. 코스타스 테르치디스, 알고리즘적 건축

그림6-28. 코스타스 테르치디스, 알고리즘적 건축

27) 국형걸, "알고리즘을 통한 자유곡면 쉘 구조물의 설계 및 시공", *Review of Architecture and Building Science*, 2015, 07, p. 26.

28) Gregg Lynn, *Form*, 2008, pp. 181–184, *Ibid*., p. 28 재인용.

29) 스크립팅은 지난 몇 년 동안 꾸준히 발전되어 온 방식으로, 소프트웨어에 실행시키는 처리 절차를 문자로 기술한 프로그램이며, 컴퓨터의 일종의 코드 쓰기로도 해석된다. 일반적으로 응용 프로그램이나 유틸리티의 규칙과 구문(syntax)을 사용해 표현된 명령어들과 루프(loop), 만약/그러면(if/then) 등 단순한 제어 구조의 조합으로 구성된다.

30) Antoine Picon, *op. cit*., p. 94.

발화(packing), 엮기(weaving), 혼합하기(blending), 갈라지기(cracking), 무리화(flocking), 맞추기(tiling)"[31] 등의 다양한 스크립팅으로 나타난다. 그러므로 이들에게 알고리즘은 불필요한 형태주의적 관습에서 벗어나 건축가의 선호가 그가 만나는 기하학들의 내재적 자질들과 변증적으로 상호작용하는 "형태화의 확장된 과정"[32] 이라고 할 수 있다.

결과적으로 건축 디자인을 위한 알고리즘의 건축은 자연을 일종의 거대한 컴퓨터 시스템으로 보고 자연의 '창발'(emergence)[33] 과정을 디자인 과정에 도입하려 한다. 예를 들어 자신들의 이웃의 수치들에 기초해 업데이트되는 한정된 수의 단계들 내에 있는 세포들의 정형화된 그리드들의 추상적 모델로서의 존 폰 노이만(John von Neumann)의 세포 자동자(Cellular Automata, 1940년대, 그림 6-29)[34] 나 세포 자동차와 유사한 자연적 과정을 컴퓨터로 다루

그림6-29. 세포 자동자

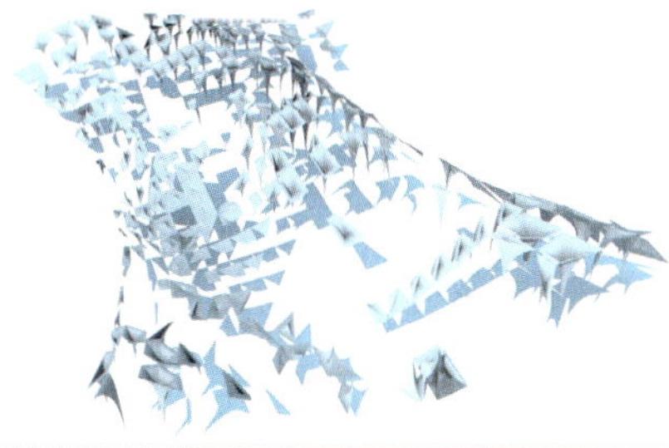

그림6-30. 존 호튼 콘웨이, 생명게임

31) *Ibid.*, p. 96.

32) Benjamin Aranda, Chris Larsch, *Tooling*, Princeton Architectural Press, 2006, pp. 8-9, *Ibid.*, 재인용.

33) 창발은 복잡계에서 나타나는 현상으로, 이전에는 보이지 않던 것이 갑작스레 나타나는 것을 의미하며, 하위 수준에서 예측될 수 없는 새로운 속성이 상위 수준에서 나타나는 것을 의미한다. 이것은 전체가 부분의 합보다 더 큼을 의미한다. 생명체의 형태 발생같은 것은 이것의 대표적 예라 할 수 있다. Ernst Mayr, *This is Biology*, 최재천 외 역, 「이것이 생물학이다」, 몸과 마음, 2002, p. 48 참조.

34) 존 폰 노이만이 1940년대에 고안한 자기 복제 프로그램으로, 이후 존 콘웨이가 1970년대에 생명게임이라는 무한한 복잡성을 만들어내는 프로그램으로 발전시켰다. 세포 자동자는 일련의 규칙에 따라 패턴을 생산하고 이 규칙을 활성화하기 위해, 생물체의 세포가 단백질을 생산하듯이, 세포들의 위치와 상태를 이용해 활성화시킨다는 점에서 생물체의 형태발생과 유사한 메커니즘을 가진다. Peter Bentley, *Digital Biology*, 김한영 역, 「디지털 생물학」, 김영사, 2003, p. 279.

게 되는 존 호튼 콘웨이(John Horton Conway)의 '생명게임'(The Game of Life, 1970년대, 그림 6-30), 혹은 컴퓨터 과학의 형태 문법, 즉 문자열(string)들로 알려진 다양한 단순 개체들의 과정을 통해 형태 언어를 설명하는 추상적 구조로서의 아스트리드 린덴마이어(Astrid Lindenmayer)의 L-시스템(1968, 그림 6-31),[35] 평형의 동역학이나 숙주-기생 공진화과정을 시뮬레이션하는 토머스 레이(Thomas Ray)의 티에라 합성생명 프로그램(1990, 그림 6-32) 등은 모두 자연의 창발 과정을 응용한 형태 발생을 위한 알고리즘들이라 할 수 있다.

그림6-31. 린덴마이어 시스템으로 성장한 식물

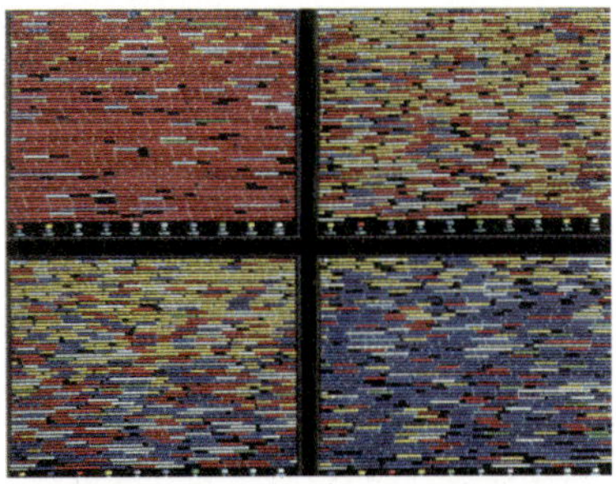

그림6-32. 토마스 레이, 티에라 합성생명 프로그램, 숙주와 기생체 사이의 진화적 경주를 보여주는 4가지 모습

기본적으로 자연의 창발 과정을 응용한 건축 형태의 디자인으로는 개체발생의 과정에서 수정란이 수정 직후 분열을 시작해 극성을 띠고 패턴을 형성하는 공간 조직화, 유전자와 세포 환경과의 다양한 복잡 상호작용에

35) 헝가리의 생물학자 린덴마이어(Astrid Lindenmayer)가 1968년에 서로 다른 단순한 다중세포 유기체들의 성장 패턴을 연구한 유기체 발생의 형태적 기술로, 컴퓨터 과학의 형태 문법, 즉 문자열(string)들로 알려진 다양한 단순 개체들의 과정을 통해 형태 언어를 설명하는 추상적 구조이다. 이 시스템은 일련의 문법에 따라 특성들을 순환적으로 교체하는 것에 기초를 둔 것으로, 동일한 규칙을 반복적으로 적용하는 과정에서 구성 요소들을 고쳐 쓰고(string-rewriting), 대체함으로써 복잡성이 증가하는 체제이다. 여기서 형태 문법은 문자열이 문법에 맞는 언어 요소인지를 결정하는 분석 문법과 한정된 언어 내에서 문자열들을 생산하는 알고리즘을 형태화해 반복 적용하고 고쳐 쓰는 생산 문법으로 이루어진다. 또한 각각의 문자열은 식물의 각 부위별 구성 요소로 입력되어 고쳐 써지는 가운데 실제 식물과 동일한 디지털 식물이 성장하게 되는 것이다. 여기서 구성 요소들은 식물 세포들의 요소, 마디나 싹, 끝부분들, 잎 등의 국부적 스케일부터 전체적인 생태적 모델에 이르기까지 다양하다. 그러므로 디지털 식물은 'L-시스템이 제공하는 명령에 따라 디지털 나무 줄기, 가지, 잎, 꽃 들로 창조되고 배열된다'. 결과적으로 성장에 영향을 주는 많은 변수들이 교대되고, 이전 단계에 대한 변화들로 성장이 이루어짐으로써 형태가 발생하게 된다. Astrid Lindenmayer, 'Mathematical models for cellular interaction in development', *Journal of Theoretical Biology* 18, 1968; Michael Hensel, 'Computing Self-Organisation: Environmentally Sensitive Growth Modelling', *AD*., 2006, 3-4, p. 13 등 참조.

의한 세포 분화, 외배엽, 중배엽, 내배엽 등의 형태 변화 과정을 수반하는 형태 발생, 마지막으로 세포 증식, 세포 확장, 증대의 메커니즘들이 작용하는 성장 등의 형태의 발생과정 중 마지막 과정인 성장 과정을 수식화한 성장 알고리즘을 예로 들 수 있다.

건축 디자인에서는 건축의 표면들을 성장시킴으로써 새로운 구조들을 만들어내는 데에 이 성장의 메커니즘이 이용되는데, 이것의 수행 도구는 일련의 문법에 따라 특성들을 순환적으로 교체하는 것에 기초를 둔 린덴마이어 시스템(L-시스템)에서 발전된 형태 발생적 표면구조(Morphogenetic Surface Structure: MoSS)[36] 와 폰 노이만의 세포 자동차에서 발전된 불 네트워크(Boolean networks)[37] 들이 있다. MoSS의 3차원 L-시스템이 연산되는 환경은 표면의 최종적 기하학을 결정하는데, 이것의 인터페이스는 문법을 설정하고, 세대를 제한하고, 환경을 형상화하는 제어 요소를 포함함으로써 피드백을 가진 복잡 성장 환경을 창조하게 된다. 예를 들어 MIT의 벤 파이퍼(Ben Piper)가 고안한 3차원 트러스 구조 모델(그림 6-33)은 MoSS 프로그램으로부터 성장되어 발생된 표면들의 꼭지점들이 적응적인 3차

그림6-33. 벤 파이퍼, MoSS로 생성된 3차원 트러스 구조

36) MoSS는 공간 속에서 운동과 드로잉의 해석을 수행하는 원리에 정정 법칙을 적용함으로써 표면들을 성장시키는 3D 린덴마이어 시스템의 특수화된 도구를 사용하며, 여기서 L-시스템은 일련의 문법 법칙에 따라 특성들을 순환적으로 교체하는 것에 기초한다. 또한 순환적 교체는 운행을 위해 명시된 세대들의 수에 의해 제한되고, L-시스템에서 성장은 맥락에서 자유롭거나 맥락에 민감한 문법으로 제어된다. 그러므로 디자이너는 문법을 명시하고 형상화 힘과 경계 조건들을 한정함으로써 표면의 성장을 유도한다. Peter Testa, Devyn Weiser, "Emergent Structural Morphology", *AD.*, Wiley-Academy, Jan., 2002, p. 15.

37) 영국의 수학자 조지 불(George Boole)의 이름을 따서 만든 것으로 스튜어트 카우프만이 신경망, 면역계, 유전자 발현 등의 네트워크로 발전시켰다. 카우프만은 다양한 연결강도를 지닌 불 네트워크에서 작용하는 수학적 시뮬레이션이 생물체의 형태 발생과 성장에서와 같이 조직과 기관들의 분화와 자기 조직화를 만들어낼 수 있다고 주장한다. Micheal Weinstock, "Morphogenesis and the Mathematics of Emergence", *AD.*, 5/6, 2004, p. 16.

원적 세포 구조를 형성하도록 하여 자유로운 형태의 벌집형 트러스를 가진 실내 공간을 창출한다.

형태 발생의 메커니즘을 응용한 알고리즘 외에 또 하나의 생물학적 전략은 다양한 진화 알고리즘들[38] 중의 하나인 유전 알고리즘(Genetic Algorithm)[39]을 적용하는 것이다. 유전 알고리즘은 최적해를 얻기까지 컴퓨터가 자동적으로 모든 과정을 실행하지만, 여기서 디자인에 창조성을 부여하는 것은 적당한 방식으로 장식적, 구조적 요소를 연결하기 위해 적당한 위치에서 돌연변이의 지점을 부여하는 것과 다양한 건축 디자인이 가능하도록 상응되는 위상 기하학의 다이어그램을 사용하는 것이라 할 수 있다.

예를 들어 창발 디자인 그룹이 두 개 동의 원통형 고층 표피구조(2003, 그림 6-34)를 만들어내기 위해 사용한 도구는 유전 알고리즘이다. 최초에 단일의 나선형 원통관(그림 6-35)을 개체적 염색체로 초기 설정하여 다발들로의 분화(그림 6-36)와 새로운 형태 발생 과정을 거쳐 다양한 형태의 개체군을 만들어낸 후, 최종적으로 허리가 약간 좁아지는 단일의 형태를 얻어내기 때문이다. 여기서 많은 분화를 시키기 위해 사용한 약간 느슨한 자연의 기하학은 선택 연산자에 해당한다. 기본적으로 이 건물의 진화에서 유익한 정보의 선별 기준은 나선형의

그림6-34. 창발 디자인 그룹, 원통형 고층 표피구조, 2003

38) 유전 알고리즘(GA), 진화전략(ES), 진화 프로그래밍(EP), 유전 프로그래밍(GP) 등이 있다.

39) 존 홀랜드(John Holland)가 1975년에 개발한 최적화 알고리즘으로, 생물학적 유전자인 염색체에 해당하는 문자열로 재생산, 교배, 돌연변이를 거쳐 다음 세대에 새로운 자식을 인공적으로 만들어내며, 이런 연산을 반복해 최적해를 구한다. 유전 알고리즘은 유전자형과 표현형을 갖는 개체들의 개체군을 초기화하고 유지하며, 부모를 제공하기 위해 두가지 개체의 무작위적 선택에 의해 교배시킨 후, 염색체 교차와 돌연변이를 이용해 다양한 자손들이 개체군을 채울 때까지 세대를 반복시켜 모든 부모들이 버려지고 적합한 기준을 만족시키는 개체군을 양산시키는 프로그램이다.

자연 현상에서 나타나는 형태이기 때문이다. 이후 외피의 패널을 위한 표현형을 발전시키기 위해 사용한 커스타드 사과의 모자이크식 막조직(그림 6-37)과 나선형 잎차례의 기하학(그림 6-38) 역시 선택 연산자에 해당하며, 표피에 작용하는 다양한 외부와 내부의 매개변수들은 유전 알고리즘에서 사용되는 환경에 대한 적합도에 해당한다 할 수 있을 것이다.

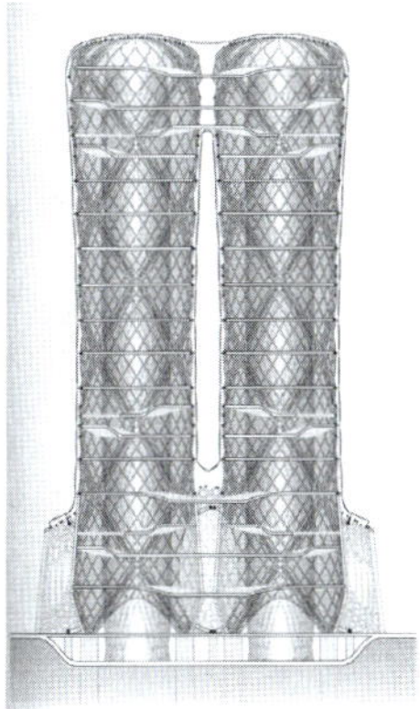

그림6-35. 창발 디자인 그룹, 최초의 나선형 원통

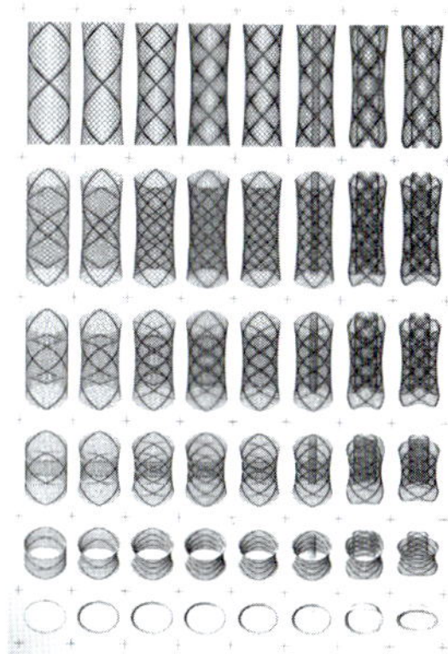

그림6-36. 창발 디자인 그룹, 원통의 다발들로의 분화과정

자연의 창발 과정을 응용한 형태 발생과 진화 알고리즘 중 최근의 건축 디자인 영역에서 자주 사용되는 것들 중의 하나는 보로노이(Voronoi) 다이어그램(그림 6-39)을 적용하는 방식이다. 보로노이 다이어그램은 1850년 독일의 수학자 페터 디리흘레트(Peter Gustav Lejeune Dirichlet)가 최초로 제안한 이론을 우크라이나의 수학자 게오르기 보로노이(Georgy Voronoi)가 정리한 다이어그램으로, "공간을 효율적으로 분할하는 수학적 방법과 공간 내 입자들 간의 영역을 분할하는 방법을 통해 공간에 대한 다양한 추론을 가능케 하는 연산 기하학 방식"[40] 이다.

그림6-39. 보로노이 다이어그램

40) 강가애, 윤재은, 「디지털 공간에서의 보로노이 다이어그램 적용에 관한 연구」, 한국실내디자인학회, 2008년 6월, p. 157.

이것은 세포(소자, Voronoi cell)와 정점(Voronoi vertex), 공간(Voronoi space), 발포체(Voronoi foam) 등으로 이루어진 다각형 구성체계로, 일련의 알고리즘에 의해 공간을 자기 조직(self-organizing)적으로 발생시켜 나가며, 기하학적 구조를 통해 공간을 생성시키는 다이어그램이다. 여기서 보로노이 세포는 입력 초기값이며, 분할된 모든 영역, 즉 보로노이 공간은 단 하나의 세포를 가져야 하고, 보로노이 발포체는 공간에 의해 만들어진 영역이 가지는 다각형 모양으로 나타나게 된다.[41] 이 다이어그램은 컴퓨터 프로그램과의 결합을 통해 일종의 발생적, 진화적 알고리즘으로 될 수 있는데, 이것에 의해 만들어진 공간은 그 자체가 패턴이 형성되고, 분화하고, 형태 발생이 이루어져 진화하는 생물체의 발생과 진화 과정을 그대로 따르게 된다.

네리 옥스만(Neri Oxman)의 모노코크(2007, 그림 6-40)는 물질의 구조적 행태를 보로노이 알고리즘을 이용한 기하학적 형상과 결합해 만든 단일 외피구조이며, 장의자를 다양한 굴곡의 일체형 표피구조로 확장시킨 비스트(2010, 그림 6-41)는 보로노이 패턴을 기본적 기하학으로 설정해 단일의 굴곡 표피 위에 나뭇잎 엽맥 형태의 패턴을 발생시킨 작품이다. 이것들은 표피의 구

그림6-40. 네리 옥스만, 모노코크, 2007

그림6-41. 네리 옥스만, 비스트, 2010.

41) 보로노이 다이어그램은 점 데이터들이 주어지고, 각각의 기준점이 하나만 포함되도록 영역을 근접하게 분할하려 할 때, 분할된 영역의 임의의 점이 다른 영역의 기준점에서의 거리보다 자신이 속한 영역의 기준까지의 거리가 가장 가깝게 최단 영역을 찾아내는 알고리즘을 다이어그램으로 표현한 것으로, 임의의 시작점을 중심으로 각 정점이 다른 정점에 영향을 주지 않고 최대로 가질 수 있는 범위를 표현하기에 적합하다. *Ibid.*, p. 158.

성을 위해서 인장 하중과 각 영역의 이완, 물질적 분배를 위한 알고리즘 등의 매개변수들을 통합적으로 고려해 보로노이 세포 쪽맞춤을 타일링 알고리즘으로 실현한 경우라고 할 수 있다.

이 외에도 창발적 건축 형태를 위한 궁극적 방식의 하나로 발생 알고리즘과 진화 알고리즘을 결합한 형태인 '발생적 형태 모델링과 제작'(Generative Form Modelling and Manufacturing: GENR8)[42]의 사용을 들 수 있다. GENR8은 진화적 연산과 발생적 연산, 물리 환경 모델링 모두를 통합한 것으로, 개체군에 의한 문법적 진화(진화적 알고리즘)와 확장된 Map L-시스템(발생 알고리즘)을 조합한 것이라 할 수 있다. 이 모델은 많은 세대 내에서 다양한 표피들의 개체군을 만들어내는 진화적 모듈에 의해 가능하게 되는데, 이것의 성장 과정은 초기의 유전자형인 HEMLS에 의해 제공되어 발생 알고리즘으로서의 Map L-시스템이 3D 공간에서 표현형으로서의 표피의 성장을 허용하도록 확장시키는 것이다. 여기서 표피는 일련의 가장자리, 정점, 영역들로 구성되는데, 모든 가장자리들은 성장 과정 중에 수정될 수 있으므로 표피의 모든 부분들은 계속해서 변화하게 된다. 예를 들어 아힘 멩게스(Achim Menges)의 AA 스쿨에 세워지는 공기 구조식 딸기 바 실내 디자인(그림 6-42)은 구조적 용량과 기하학적

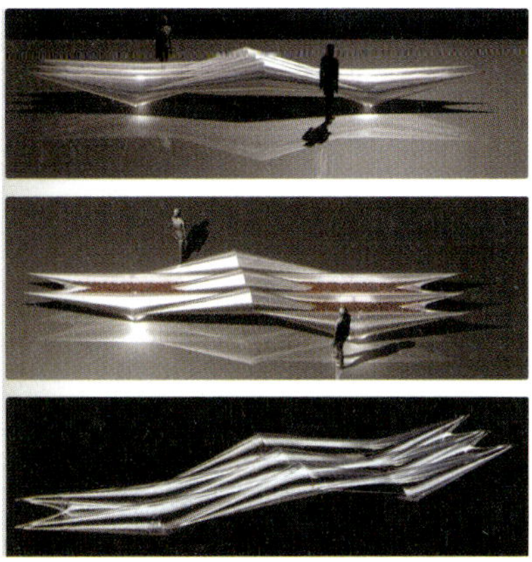

그림6-42. 아힘 멩게스, GENR8을 이용해 생성한 딸기 바

42) GENR8은 Map L-시스템을 사용하는 창발 시뮬레이션을 위한 소프트웨어로, 처음에 세포들 사이의 이웃관계를 설정하고, 다음에 결과적 도형에 대한 기하학적 매개변수들을 지정함으로써 연산하는 기하학적 해석을 가지는 L-시스템 종류이다. 문법에 기초한 법칙들은 모델의 위상 기하학을 명시하는데, 그것은 순서에 따라 자신의 기하학을 결정한다. 이것은 문법적 진화와 함께 추상적인 물리적 환경으로 확장되는 3D L-시스템을 조합한다. 또한 확률적이고 진화적이며 환경에 기초한 구조와 표면 기하학을 가능케 해주며, 특히 진화적 적응 동안 이용자가 작업을 자유롭게 중단하고 다시 개입하는 것을 허용해준다. Peter Testa, Devyn Weiser, *op. cit.*, p. 15 참조.

특성을 유지한 채 생식, 돌연변이, 경쟁, 선택의 진화적 방식을 채택한 것으로, 초기 개체로서 공기 구조적 요소가 잘려진 패턴의 기하학으로 설정되고, 성장의 스케일 인자, 분기 길이, 분기 각도 같은 매개변수들에 의해 전체적 파동과 표면의 세분화가 발생하도록 된 것이다. 이것의 선택 연산자는 기하학이며, 평가 기준은 창발하는 종들 사이의 특별한 기하학에 어울리는 상대적 적합도라 할 수 있다.

6.5. 표피로서의 건축(디지털 장식): 텍토닉의 위기

디지털 시대의 건축에서 깊이의 추구는 모더니즘에서 추구했던 3차원적인 텍토닉 공간과는 대조되게 완전히 "새로운 평면성"[43], 즉 파사드와 표피에 대한 추구를 하도록 만든다. 이는 디지털 시대 전자매체의 증가적 중요성과 함께 건축을 거대한 정보 전시로 변형하려는 욕구의 증가와도 밀접하게 관련이 된다. 이것은 스티븐 페렐라(Stephen Perrella)가 초곡면, 혹은 하이퍼 표피(Hypersurface)라 명명했듯이, 하이퍼 미디어 같이 상상되는 사이버 공간과 다양한 정보들을 투사하고 투영하는 모니터와 같은 벽체로서의 표피로 상징되는 건축으로 나타나기도 한다.

실제로 영국의 유명한 건축 저널 「아키텍처럴 디자인」은 이미 1998년 5/6월호와 1999년 9/10월호 모두의 특집으로 2회에 걸쳐 "하이퍼 표피"를 주제로 스티븐 페렐라를 위시해 라이저와 우메모토, 녹스(Nox)의 라스 스파우브룩, 카스 오스터하우스, UN 스튜디오와 벤 반 베어켈, 마코스 노박, 베르나르 카스(Bernard Cache) 등 다양한 건축가들의 유동적 표피의 건축들을 소개했다. 이는 1990년대 중반까지도 중요하게 강조되던 케네스 프램튼(Kenneth Framton)식의 텍토닉 개념과는 완전히 상반되는 양상들의 표현이었

43) Alicia Imperiale, *New Flatness: Surface Tension in Digital Architecture*, Birkhäuser, 2000, Antoine Picon, *op. cit.*, p. 82 재인용.

다고 할 수 있다. 나아가서 이것은 건축에서 텍토닉의 위기와 함께 한동안 유행했던 블롭들의 갑작스런 쇠퇴를 설명해주기도 한다.

조르쥬 리아로풀로스-르장드(George Liaropoulos-Legendre)가 주장하듯, "과거의 볼륨(volume)들이 외적으로 결정되고, 불투명하고 불활성적이며, 기하학적 흐름과는 독립된 아이디어들을 제시하는듯 보이는 반면, 표피는 매개변수적 변양태들의 더욱 순수한 표현이자, 기하학적 흐름의 직접적 표현이며, 시간의 내적 구조에 더욱 밀접하게 활성화되고, 휘어지고 접혀지는 다양한 변형을 일으키는 모든 종류의 수행들(performance)에 대해 더욱 수용적으로 나타나기 때문이다."[44] 또한 디지털 시대 건축의 표피는 공간을 단순히 둘러싸는 것으로 한정짓는 대신, 다양한 굴곡을 만들어내는 켜들로 만들어내며, 이러한 다양한 켜들로써 마치 뫼비우스의 띠와도 같이 공간을 단순히 내부와 외부로 한정짓지 않고, 건축과 환경, 건축과 대지, 건축과 조경 사이의 전이를 통해 이들 사이의 경계를 흐리는 존재로 나타나기 때문이기도 하다.[45]

21세기에 급부상한 환경 문제와 더불어 지속 가능성의 요구로 인해 나타난 "환기되는 이중 파사드" 같은 예는 건축에서의 표피에 대한 강조를 더욱 부각시켰으며, 과거의 "장식은 죄악이다"란 슬로건으로부터 "기능적인 장식적 표피"라는 개념으로까지 나아가기도 한다. 즉 파시드 무사비(Farshid Moussabi)와 미하일 쿠보(Michael Kubo)가 주장하는 "장식의 기능"[46] 과 같이, 21세기의 디지털 건축은 표피의 강조와 함께 현대의 장식이 건축 외관의 상징적 의미와 무관하며, 장식이 실제적으로 수행적이며, 건축의 기능적 차원으로 인식된다고 말해준다.

---

44) George Liaropoulos-Legendre, jip: *The Book of Surfaces*, Architectural Association, 2003, *Ibid*., pp. 86-88 재인용.

45) *Ibid*., pp. 89-91.

46) Farshid Moussavi, Michael Kubo, (eds.), *The Function of Ornament*, Actar, 2006.

다시 말해 21세기 건축의 장식은 이제 디지털 기술과 물성 모두에 연관이 되는 것으로 나타난다. 그러므로 현대 건축에서 표피는 이제 FOA의 존 루이스 백화점(2008) 파사드에서 나타나는 복잡한 넝쿨 모양의 소용돌이 패턴들(그림 6-43)이나 OMA의 신 제다 국제 공항 계획(2005, 그림 6-44)의 복잡한 아라베스크식 자수 패턴 장식, 자우어브루흐 후톤(Sauerbruch Hutton)의 독일 비버라흐 약학 연구소(2002, 그림 6-45)의 다양한 색채의 수직 루버식 벽체 패턴, 혹은 헤어조크 드 뫼론의 리콜라 창고 건물(1993, 그림 6-46)에서 볼 수 있듯이, 단순한 치장이 아니라 기능적인 장식적 루버나 패턴, 다양한 다각형 쪽맞춤(tesselation, 그림 6-47)의 방식을 통해 태양광과 자연 환경의 최적 제어를 위한 기능을 가지는 장식적 표피로 나타나기도 한다. 이것은 표피의 장식적 기능이 발전된 디지털 기술로 인해 가능하게 되었음을 의미한다. 즉 헤어조크 드 뫼론의 많은 작품들에서 표피의 장식들을 결정하는 것은 표피에 사용되는 물질들의 입자를 결정할 때 사용되는 디지털 기술인 픽셀화 정도에 기초하는 다양한 변양태들의 조건이다.

여기서 외피의 다각형 쪽맞춤 기법은 외피를 구조적, 환경적 제어 기능으로부터 해방함으로써 가능하게 되었으며, 사각형 그리드와 달리 표면 단위 당 더 짧은 접합 길이가 가능함으로써, 사각형의 쪽

그림6-43. FOA, 존 루이스 백화점의 표피, 2008.

그림6-44. OMA, 제다 신공항 계획, 2005

그림6-45. 자우어브루흐 후톤, 비버라흐 약학 연구소, 2002

그림6-46. 헤어조크 드 뫼론, 리콜라 창고, 1993.

그림6-47. FOA, 아이치 2005 스페인관, 2005, 다각형 쪽맞춤 패턴의 표피

맞춤으로써는 할 수 없는 곡면 외피 패턴의 자유로운 구축이 가능하게 된다. 나아가 외피의 이러한 패턴들은 평면적 텍스추어를 굴곡의 3차원적 표피로 매핑하는 방식인 텍스추어 매핑(texture mapping)[47] 기술로 인해 건물 외피를 추상적 패턴이자 일종의 정보 전달 매체로 발전시킨다. 표피는 이제 단순한 공간 구획과 둘러쌈의 기능을 넘어서 디지털 시대의 다양한 환경적 정보를 서로 교환하고 전달하는 주요 매개체로 나타난다.

6.6. 다른 물질성의 건축

21세기의 디지털 문화는 건축에서 물성(materiality)이라는 개념에 대해 새로운 반향을 일으킨다. 우리가 기존에 가졌던 텍토닉의 물성과는 전혀 다른 새로운 개념의 물성이 요구되기 때문이다. 디지털 건축에서 표피의 장식적 개념이 새로운 디지털 기술과 함께 부각된 물성과 재질의 중요성과 무관하지 않다는 사실이 이를 설명해준다. 이것은 물리적 실체와 재료의 완전히 달라진 개념으로부터 출발한다.

47) 텍스추어 매핑은 1990년대 말쯤부터 패턴화의 새로운 기술로서 휘어진 NURB 표피에 적용됨으로써 비디오 이미지들이 굴곡진 표면에 투영되거나 표피 내에 디지털 디스플레이 시스템들을 내재시키는 것이 가능하도록 만들었다. 이것은 후에 스크립트로 대체되었고 매핑만이 스크립트에 의해 보조적으로 남게 되었다. Patrik Schumacher, "Parametric Patterns", *AD.*, Wiley and Academy, 2009, 11/12, p. 33 참조.

원래 물성은 우리가 물질들을 인식하는 방식에 관한 것으로, 안정되고 지속적인 실제들로서의 대상물을 의미한다. 그러므로 그것은 우리의 오감으로써 우리 주변을 우리가 인식하는 방식에 관한 것을 가리키며, 우리가 우리의 물리적 환경에서 수행하는 작업들에 의존하게 된다. 자동차의 경험이 우리가 인식하는 물성의 개념을 그것의 속도에 의해 새로운 감각으로 바꾸어 놓았듯이, 컴퓨터 역시 우리의 물리적 경험과 물성의 또 다른 치환을 요구하는 도구로 나타난다.

건축물의 표면과 볼륨은 특별한 환경 속에서 새로운 감각에 의해 상호작용하고 그에 따라 물성의 특별한 수행을 하는 대상물로 될 수 있다. 이것은 건축물에 장착, 혹은 내장된 다양한 센서들에 의해 주변 환경의 변화에 따라 표면과 볼륨의 형상, 색채와 조도, 재질감 등이 상호 변화되는 경우와 더 나아가 새로운 합성물질의 개발에 의해 디지털 기술로 제어되어 물성 자체가 상황에 따라 변화하는 경우의 두 가지로 나타날 수 있다.

예를 들어 데코이(dECOi)의 마크 굴도프(Mark Goulthorpe)는 아에지스 하이포-표면(Aegis Hypo-surface, 2001, 그림 6-48, 49)에서 방문객의 운동과 소리, 빛

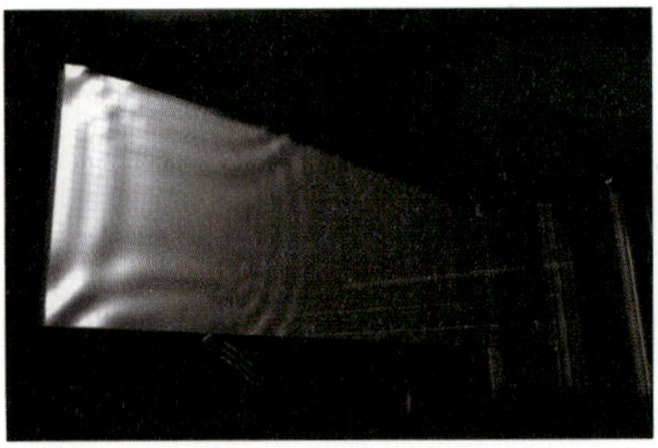

그림6-48. 데코이, 아에지스 하이포서피스

그림6-49. 데코이, 아에지스 하이포서피스

등 내부와 외부 환경의 변화에 따라 다각면의 금속 표면이 물리적으로 형태 변형을 일으키도록 디자인했다. 마찬가지로 카스 오스터하우스와 올레 부만(Ole Bouman)이 디자인한 트랜스포트(Trans-ports, 2001, 그림 6-50)도 탄소 섬

그림6-50. 카스 오스터하우스, 트랜스포트 2001 실내

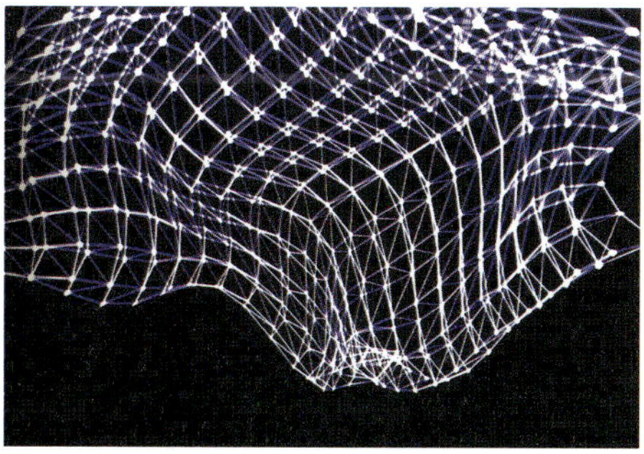

그림6-51. 카스 오스터하우스, 트랜스포트 2001 구조체

유로 된 공기 구조식 프레임(그림 6-51)과 방수 고무의 피막이 인터넷의 실시간 진화 게임과 외부의 환경 변화에 따라 미리 프로그램된 컴퓨터 소프트웨어에 의해 빛과 음향, 형상의 변화를 하도록 된 건물이며, 벤 반 베어켈과 카롤리네 보스의 헤트 발코프 미술관(그림 6-52) 역시 방문객의 운동에 따라 물결 모양의 천장이 다양하게 변하도록 계획된다. 라스 스파우브

그림6-52. 벤 반 베어켈, 헤트 발코프 미술관, 1999.

그림6-53. 라스 스파우브룩,담수 전시관 1997

그림6-54. 카스 오스터하우스, 염수 전시관 실내, 1997

룩의 담수 전시관(Freshwater pavilion, 1997, 그림 6-53)과 카스 오스터하우스의 염수 전시관(Saltwater pavilion, 1997, 그림 6-54) 역시 방문객들의 운동, 외부의 환경 등에 따라 내부의 물성과 형상 자체가 변형되도록한 계획안들이다.

디지털 시대의 물성은 미리 디자인된 다른 물성으로 나타나기도 한다. 이것은 새로운 합성 물질의 디자인과 더 나아가 스마트 물질의 디자인을 의미하며, 구조와 물질들 사이의 구분도 흐리게 만든다. 예를 들어 섬유보강 합성 물질은 생물체와 같은 물질 구성과 특성들을 통해 접합부가 없이 연속적인 표피가 가능한 가운데, 섬유질의 각기 다른 형상들이 각각의 표피의 다른 구조를 구성함으로써 물질 분배 내의 국부적 변양태들이 분화된 조도 조건과 변화된 노출 면적들을 제공하는 한편, 섬유질의 다양한 다공적 형상이 빛을 제어하고 시각을 조작할 수 있는 다른 물성을 지니게 된다. 나아가 케네디 앤드 비올리치 아키텍처(Kennedy & Violich Architeture)는 "Give Back Curtain" 같은 계획(그림 6-55)에서 커튼이 신체의 온도에 반응해 형태와 빛의 조건들을 변형시키는, 완전히 새로운 물성의 실험을 보여준다. 이것은 이전의 텍토닉 규범과는 매우 다른 법칙들을 보여주는 것으로, 피부를 단순한 외피가 아니라, 복잡하고, 내부와 외부 사이의 교환을 하는 하중 적재시스템으로 인식하는 표피로 생각하게 되는 다른 법칙을 요구한다.

그림6-56. 케네디 앤드 비올리치 아키텍처, Give Back Curtain. 원형과 온도가 신체 물질에 반응하는 물질

6.7. 스마트 건축의 제작

디지털 시대의 건축은 초기의 디자인 뿐 아니라 궁극적으로 전체의 제작 과정 자체를 전산 제작(Computer-aided manufacturing)을 통해 분화된 건물 요소들의 생산을 가능하게 하는 스마트 건축의 제작을 하도록 만든다. 예를 들어 위상 기하학을 적용한 자유로운 형태의 디자인은 기존의 건축 제작 방식으로는 실현이 어려운 경우가 대부분이며, 자유 형태의 구축(Free form construction)을 위해 디지털 기반 비정형 모델링 도구, 즉 BIM(Building Information Modeling) 설계와 PLM(Product Lifestyle Management), 컴퓨터 수치제어(Computerized Numerical Control: CNC) 기계 시스템(그림 6-56), 레이저 커팅과 산업용 로봇, 그리고 무엇보다도 3D 프린팅 기술을 이용한 쾌속 조형(rapid prototyping) 방식(그림 6-57) 등이 이러한 스마트 건축 제작을 위한 전제적 기술들이라 할 수 있다.

그림6-56. CNC 로봇에 의한 제작

그림6-57. 쾌속 조형 방식에 의한 모델.

예를 들어 쾌속 조형의 파생적 기술인 쾌속 제작, 즉 물질적 준비, 물질적 전달, 다층 박막(layer by layer)제작, 구축, 접착 매개체의 단계적 변화와 사후 처리 등의 전체적 과정을 가지는 제작 방식은 캐드에 기초한 자동화된 첨삭 제작(additive manufacturing)을 이용하게 되며, 더 높은 수준의 기하학과 기능의 통합을 가능하게 해준다.

여기서 기본적으로 자유 형태의 구축은 건식 시스템 대신 습식, 혹은 젖은 액상과 분말들의 시스템을 이용하고 쾌속 제작에 의한 레이어 제작을 바탕으로 하며, 건축물 구축을 위한 거대 스케일에서의 대량 침전율과 증가된 기포들의 문제를 해결하는 것이 중요한 문제라고 할 수 있을 것이다. 예를 들어 네덜란드의 건축 그룹 유니버스 아키텍처(Universe Architecture)의 얀야프 라우제나르스(Janjaap Ruijssenaars)는 아일랜드 해변가의 벨웰 지역에 자연 조경과 같은 형상을 위해 뫼비우스의 띠 형상으로 된 조경 주택(Landscape House, 그림6-58, 59)을 디자인해 세계에서 가장 큰 3D 프린터인 엔리코 디니(Enrico Dini)의 D-형상 프린터(D-Shape printer)를 이용해 갈려진 석재와 모래를 접합제와 혼합해 인공적 사암과 같은 재질의 재료로 바닥이나 천장의 외부 형상을 프린트해 텅 빈 자유 형상 건축물을 세우도록 계획한 실제적인 3D 프린팅 주택을 보여준다.

그림6-58. 얀야프 라우제나르스, 조경 주택

그림6-59. 얀야프 라우제나르스, 조경 주택 디테일

사이버 문화와 SF, 사이보그 건축

초판 1쇄 2015년 11월 30일

지 은 이　김원갑
발 행 인　김기현
발 행 처　시공문화사
등　　록　1993년 3월 12일
주　　소　서울시 서대문구 독립문 공원길 13 (현저동 200) 극동프라자 5층
전　　화　02) 3147-1212, 2323
전　　송　02) 3147-2626

http://www.spacetime.co.kr
spacetime@korea.com

편　　집　디자인·현 심현일 / 02) 322-9941
인　　쇄　예림인쇄
제　　본　(주)서정바인텍
용　　지　(주)대림지업사

*파본은 교환해 드립니다.

ISBN 978-89-5592-338-4

정가 15,000원

이 책은 한국출판문화산업진흥원의 2015년
〈우수 출판콘텐츠 제작 지원〉 사업 선정작입니다.